ZUKUNFT DES AUTONOMEN FAHRENS

EIN
RAHMEN

BE
HER

MA

LUCA-PAULIN SEBASTIAN OHL

Bibliografische Information der Deutschen Nationalbibliothek:
Die Deutsche Nationalbibliothek verzeichnet diese Publikation in der
Deutschen Nationalbibliografie; detaillierte bibliografische Daten sind
im Internet über http://dnb.dnb.de abrufbar.

© 2019 Luca-Paulin Sebastian Ohl

Herstellung und Verlag: BoD – Books on Demand, Norderstedt

ISBN: 978-3-7528-0456-0

Kurzfassung

Die Presse propagiert das autonome Fahren bereits als die Mobilität der Zukunft und selbst in der Fachliteratur ist zu lesen, dass die Automobilindustrie derzeit vor einem großen Evolutionssprung steht. - Doch was ist der tatsächliche Status quo? - Und wie sind die Zukunftsaussichten?

Das vorliegende Buch beschäftigt sich mit der Frage, ob eine nachhaltige Markteinführung autonomer Autos in absehbarer Zeit realisierbar ist. Dafür wird zunächst eine, für eine tiefere thematische Auseinandersetzung, zwingend notwendige Definition des autonomen Fahrens erarbeitet, die in der aktuellen Literatur häufig ausbleibt. Auf dieser Grundlage werden die Potenziale des autonomen Fahrens wie Sicherheit, Flexibilität & Komfort, Effizienz und Mobilität, herausgearbeitet und den Rahmenbedingungen und Herausforderungen gegenübergestellt. Eine Darstellung der zu überwindenden Hürden und eine Bewertung der damit verbundenen Schwierigkeiten mündet anschließend in eine Einschätzung, in welcher Zeitspanne technische, gesellschaftliche und rechtliche Probleme gelöst werden können.

Es wird geschlussfolgert, dass vor allem die Kernpunkte Zuverlässigkeit, Sicherheit und Akzeptanz, zwischen denen kausale Zusammenhänge festgestellt werden, einer zeitnahen nachhaltigen Markteinführung im Wege stehen. Die oftmals als besonders schwierig eingeschätzten juristischen Herausforderungen hingegen, fallen dabei weniger ins Gewicht.

Abschließend wird das Fazit gezogen, dass durch eine sukzessive Überwindung der Herausforderungen die enormen Potenziale des autonomen Fahrens den Weg in ein neues Mobilitätszeitalter ebnen können.

Das Buch bietet somit eine Konkretisierung des Begriffs „autonomes Fahren", fasst die evidentesten Potenziale und Herausforderungen zusammen und gibt eine fundierte Einschätzung zur Zukunft des autonomen Fahrens.

Abstract

The press already proclaims autonomous driving to be the future of mobility and even the professional literature is writing about the next mobility evolutional leap forward. – But what is the status quo? – And how is the future prospect?

The book deals with the question whether a soon sustainable market launch of autonomous cars is feasible or not. Therefore, a necessary definition of the meaning of autonomous driving is developed, which is often absent in current literature. On this basis the potentials, like safety, flexibility & comfort and mobility are pointed out and are contrasted with the general framework and challenges of autonomous driving. With a rating of the severity to take the hurdles, an evaluation, in which interval the technical, social and juristic challenges are conquerable, gets possible.

It is inferred that the crucial points of reliability, safety and acceptability inhibits a feasible market launch in the near future. The often mentioned juridical challenges whereas turn out as not as grave as often expected. The final conclusion is, that due to a gradual conquest of the challenges, in the middle and long run the benefits outlined in this book can pave the way to autonomous driving as the future of mobility.

Abstract

Thus, the contribution of this book is to create a concrete definition of "autonomous driving" and contains a summary of the evident potentials and challenges in addition to a knowledgeable estimation of the future of autonomous driving.

Inhaltsverzeichnis

Inhaltsverzeichnis

Abbildungsverzeichnis

1. Einleitung

„Selbst beweglich" lautet die Übersetzung des aus Altgriechisch und Latein zusammengesetzten Wortes Automobil. Das gibt Grund zur Annahme, dass schon mit dem Beginn des Siegeszugs des Autos im Jahr 1886 die damalige Vorstellung eines automatisierten Fahrzeugs bereits realisiert war (Benz 2012, S.68). Bei genauer Wortbetrachtung scheint es heutzutage wie eine Doppelung, wenn die Rede von autonomen Automobilen, also „selbstständig selbst Beweglichen" ist. Eine Erklärung dieses Pleonasmus liegt sicherlich darin verborgen, dass mit dem Eintritt in das Computerzeitalter ein Autonomiegrad erreicht werden konnte, der Ende des 19. Jahrhunderts schlichtweg jenseits des Vorstellbaren lag.

Bereits in den 1930er Jahren kamen erste, damals futuristisch anmutende Ideen auf, wie eine selbstständige Fahrt auf Highways ermöglicht werden könnte. Verbunden mit der kontinuierlichen Evolution der Computertechnologie begann anschließend ein stetig wachsender Drang zur Entwicklung einer immer weitergehenden Automatisierung von Fahrzeugen. Die Defence Advanced Research Projects Agency (DARPA) Urban Challenge 2007, bei der es einigen Fahrzeugen gelang, sich autonom durch ein vorstadtähnliches Gebiet mit sich ebenfalls beweglichen Verkehrsteilnehmern zu navigieren, kann als bislang bedeutendster Meilenstein und ausschlaggebendes Ereignis des derzeitigen Forschungs- und Entwicklungsbooms angesehen werden (vgl. Matthaei et al. 2015, S.1141). Seither scheint die Umsetzbarkeit der Entwicklung

Knopf zur Aktivierung des autonomen Fahrens

Aktuelle Auswirkungen dieses Wandels begannen zuletzt sogar die historisch gewachsenen Marktstrukturen im Bereich der Hersteller zu verändern. Waren es bis vor einigen Jahren noch die Automobilhersteller allein, die Marktkämpfe um die neuesten Innovationen bestritten, so zieht das Marktpotenzial autonomer Autos nunmehr auch marktfremde Unternehmen an (vgl. Blechner 2015). Besonders IT-Unternehmen wie Google und Apple, aber auch der Fahrdienstleister Uber kündigten ihr Bestreben an, auf dem Markt der autonomen Fahrzeuge zukünftig eine bedeutende Rolle spielen zu wollen. Vor allem Google trägt mit seiner Pressearbeit und Ankündigungen einer zeitnahen Markteinführung dazu bei, dass sich zum einen die Konkurrenzsituation verschärft und zum anderen der Druck erhöht, politische, gesellschaftliche sowie juristische Entscheidungen zu treffen. Auch die Medien propagieren seither den Eintritt in ein neues Mobilitätszeitalter.

Ausdruck hiervon ist beispielsweise, dass der Bundesrat das autonome Fahren für ein wichtiges Zukunftsthema hält, wie der Bundesratsbeschluss „Rahmenbedingungen für die Automobilität der Zukunft zu schaffen" vom 8. Mai 2015 zeigt (vgl. Bundesrat 2015).

Aber handelt es sich bei dem autonomen Fahren in der Tat „um die faszinierendste Technologie unserer Zeit", wie Prof. Martin Winterkorn, der ehemalige Vorstandsvorsitzende der Volkswagen AG auf der Internationalen Automobil-Ausstellung (IAA) 2015 erklärte (vgl. Volkswagen AG 2015a)? Oder ist die Brisanz des Themas nur ein „vorübergehender Hype", wie der aktuelle Vorstandsvorsitzende der Volkswagen AG Matthias Müller (damals noch Vorstandsvorsitzender der Porsche AG) ebenfalls auf der IAA 2015 urteilte (vgl. Vieweg 2015)?

Im Folgenden werden die Potenziale, Rahmenbedingungen und Herausforderungen einer Markteinführung des autonomen Fahrens untersucht. Dabei werden die Schwierigkeiten, welche die innovative Technologie mit sich bringt, analysiert und bewertet. Dies ermöglicht es Aussagen darüber zu treffen, ob Forschung, Entwicklung und gesellschaftliche Akzeptanz der neuen Technologie an einem Stadium angelangt sind, an dem das autonome Fahren bereits nachhaltig realisierbar erscheint. Anschließend wird davon ausgehend aufgezeigt, ob eine etwaige Diskrepanz zwischen der vorherrschenden Erwartungshaltung und der zu erwartenden Entwicklung besteht.

Aufgrund der herausragenden wirtschaftlichen Bedeutung der Personenkraftwagen in der Automobilindustrie wird hier dabei der Fokus auf Personenkraftwagen in Deutschland gelegt.

Die besondere Aktualität der Thematik bringt es mit sich, dass bisher noch keine vollständige wissenschaftliche Durchdringung aller relevanten Fragen erfolgt ist. Wo die Quellenlage eine Auseinandersetzung auch mit Publikationen von selbst im Marktgeschehen involvierter Unternehmen erfordert, bedarf es eines quellenkritischen Ansatzes, um einen geordneten und fundierten Überblick über den derzeitigen Stand zu erlangen. Dieser wird im Folgenden stets verfolgt.

Dabei stellt die Begrifflichkeit des autonomen Fahrens selbst bereits die erste Hürde beim Einstieg in der Auseinandersetzung mit dem Thema dar. Jedes Individuum, jede Redaktion und jeder Automobilhersteller scheint für sich eine individuell gültige Definition gefunden zu haben, wobei oftmals weiterführende Erklärungen und nachvollziehbare Herleitungen dazu fehlen.

Zu Beginn erfolgt daher zunächst eine Abgrenzung, was unter dem Begriff des autonomen Fahrens und damit auch unter einem autonomen Auto zu verstehen ist.

Zunehmendes Verkehrsaufkommen und technologischer Fortschritt
verändern die Mobilitätsanforderungen

Darauf aufbauend werden die Potenziale des autonomen Fahrens verdeutlicht. Besonders die Sicherheit, aber auch die Flexibilität und der Komfort rücken hierbei in den Fokus und lassen es zu, Szenarien einer bisher ungeahnten, teilweise futuristisch anmutenden Mobilitätsentwicklung abzuleiten. Dabei wird deutlich, dass eine innovative Technologie auch neue Herausforderungen schafft. Technische, gesellschaftliche, und rechtliche Aspekte werden dabei untersucht und im Hinblick auf die Möglichkeit ihrer Überwindbarkeit hiermit verbundener Barrieren und Probleme bewertet.

Abschließend wird aus den Rechercheergebnissen und Bewertungen ein Fazit gezogen, welche Zukunftsaussichten das autonome Fahren hat und welche Rahmenbedingungen und Herausforderungen es dabei zu beachten, zu verändern oder zu überwinden gilt.

2.
Was ist autonomes Fahren?

Systeme, welche einen Menschen selbstständig auf der Autobahn chauffieren oder Fahrroboter, welche die gesamte Fahrt eigenständig absolvieren- was ist autonomes Fahren?

„Durch das autonome Fahren gewinnen wir Freiheit, die Zeit unterwegs so zu nutzen, wie wir es wollen. Das ist die Zukunft des automobilen Luxus." benannte es beispielsweise der Vorstandsvorsitzende der Daimler AG Dieter Zetsche vor der Hauptversammlung 2015 (vgl. Daimler AG 2015).

Die Bezeichnung autonomes Fahren ist zwar in aller Munde, jedoch bleibt eine, für eine tiefgründige thematische Auseinandersetzung, zwingend notwendige, genauere Definition häufig aus. In diesem Kapitel soll eine detaillierte Betrachtung dieser Begrifflichkeit erfolgen.

Zu Beginn wird erläutert, was unter Fahrerassistenzsystemen zu verstehen ist. Hiervon ausgehend kann eine klare Einteilung in die unterschiedlichen Automatisierungsgrade vorgenommen werden, welche sich aus dem Verhältnis der Aufgabenübernahme zwischen Mensch und Maschine ergeben. Auf dieser Basis kann eine eindeutige Abgrenzung der Begrifflichkeit des autonomen Fahrens erfolgen. Abschließend wird exemplarisch der derzeit wahrscheinlichste Entwicklungsweg zukünftiger Fahrerassistenzsysteme vorgestellt und damit der Entwicklungsstand des autonomen Fahrens aufgezeigt, woraus sich die Definition eines „Prototyps" des autonomen Autos ableiten lässt.

2.1 Fahrerassistenzsysteme

Fahrerassistenzsysteme (FAS) sind elektronische Systeme im Fahrzeug, die den Fahrenden unterstützen und entlasten sollen. Wie in Abbildung 1 verdeutlicht, wird durch sie eine wichtige Schnittstelle zwischen Fahrendem, Fahrzeug und Umfeld gebildet (vgl. Reif 2010, S.104). Fahrerassistenzsysteme übernehmen im Wesentlichen die Aufgabe, sowohl das Fahrzeug, das Umfeld und ggf. auch den Fahrenden während der Fahrt zu überwachen sowie bei Bedarf regulierend einzuwirken. Dies kann entweder über eine Warnfunktion oder über ein tatsächliches Eingreifen geschehen. Die Systeme sorgen im Endeffekt somit für eine Steigerung der Sicherheit, des Komforts oder der Ökonomie des Fahrens (vgl. Abendroth/Bruder et al. 2015, S.4).

Abbildung 1: Aufgabenfelder der Fahrerassistenzsysteme

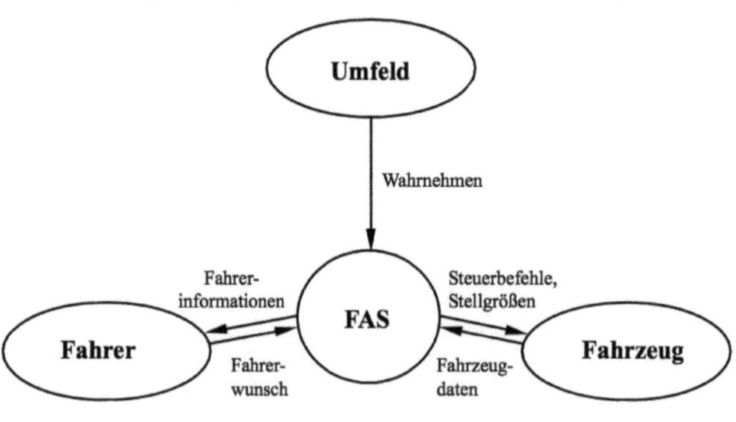

Quelle: veränderte Darstellung nach Niehsen et al. 2005, S.52

Bereits Mitte des 20. Jahrhundert wurde das erste Fahrerassistenzsystem entwickelt. Die Erfindung des Tempomaten gilt bis heute als Meilenstein in der Geschichte der Assistenzsysteme (vgl. Kröger 2015, S.56). Fortan wurden als Utopien betrachtete literarische sowie filmische Ideen dadurch aus einem realisierbareren Blickwinkel betrachtet. Aufgrund der hohen Unfallzahlen im Kraftverkehr wurde in der weiteren Forschung zunehmend ein Augenmerk auf Systeme gelegt, welche die Sicherheit im Straßenverkehr nachhaltig erhöhen sollten. Aufgrund der verhältnismäßig geringen Komplexität bezüglich der Systemanforderungen wurde dabei der Schwerpunkt zunächst auf eine Erhöhung des Personenschutzes im Falle eines Unfalls gelegt (passive Sicherheitssysteme) (vgl. Färber 2007). Im Zuge der kontinuierlichen Steigerung der technischen Möglichkeiten wurden von da an auch zunehmend mehr Systeme entwickelt, die bereits mit dem Ziel, Unfälle zu verhindern bzw. Unfallfolgen zu minimieren, in den Fahrbetrieb eingreifen (aktive Sicherheitssysteme). Tatsächlich konnte die Integration immer wirksamerer Sicherheitssysteme (vgl. 3.1) einen erheblichen Teil dazu beitragen, dass die Zahl der Unfalltoten in Deutschland seither rückläufig ist. Fahrerassistenzsysteme gelten deshalb „bereits heute [als] eine Erfolgsgeschichte" (BMVI 2015, S.9).

Primär übernehmen die Systeme Fahraufgaben auf Planungs-, Führungs- oder Stabilisierungsebene (vgl. Niehsen et al. 2005, S.51). Die Systeme auf Planungsebene können dabei auch als „virtueller Beifahrer" verstanden werden, welcher Informationen zur Verfügung stellt und Empfehlungen, beispielsweise bei der Routenwahl, abgibt (vgl. Kompaß 2008, S.261). Auf Führungsebene („virtueller Copilot") werden außerdem zunehmend Teile der Fahrzeugregelung übernommen sowie Warnungen, z.B. beim Überfahren der Fahrbahnmarkierung, abgegeben. Die Aufgabe des „virtuellen Fahrers" auf Stabilisierungsebene hingegen beschränkt sich auf die kurzfristige Intervention in den Fahrbetrieb in Ausnahme- bzw. Gefahrensituationen, wie beispielsweise das Antiblockiersystem. Anschaulich wird diese Unterteilung der Anforderungen an die Fahrerassistenzsysteme anhand der zur Verfügung stehenden Reaktionszeiten (vgl. Kompaß 2008, S.262). Darf die Zeit auf der Planungsebene noch mehrere Minuten betragen, so muss auf der Führungsebene schon in Sekunden eingegriffen werden. Auf der Stabilisierungsebene hingegen hat die Reaktion zumeist schnellstmöglich, also in Bruchteilen von Sekunden, zu erfolgen. Genau dieser Aspekt würde einen eindeutigen Vorteil im direkten Vergleich mit „menschlichen Fähigkeiten" ausmachen, denn die Reaktionszeit des Fahrerassistenzsystems würde die Handlungsgeschwindigkeit des Menschen bei Weitem übertreffen.

Auch Sekundäraufgaben, wie die Einstellung des Betriebspunktes (zum Beispiel das Schalten der Gänge) und tertiäre Aufgaben, wie die Anpassung des Ambientes (beispielweise die Temperaturregelung im Innenraum) werden zunehmend von Fahrerassistenzsystemen übernommen (vgl. Reif 2014, S.321).

Neben den bereits etablierten kurzfristig intervenierenden Systemen werden zunehmend Fahrerassistenzsysteme integriert, die die komplette Führungsebene des Fahrzeugs übernehmen. Zu unterscheiden sind hierbei die Längs- und die Querführung (vgl. Mann 2008, S.16). Bei Systemen für die Längsführung wird eine Geschwindigkeitsregulierung auf der Längsachse des Fahrzeugs, also beispielsweise das Bremsen, übernommen. Dementsprechend sind Systeme der Querführung für eine Bewegung quer zur Fahrtrichtung, beispielsweise für einen Spurwechsel, verantwortlich.

Viele Funktionen der Fahrerassistenzsysteme können als Entwicklungsschritte in Richtung des autonomen Fahrens gesehen werden (vgl. Mathes 2015, S.8). Im Folgenden wird der Fokus daher auf Systeme gerichtet, welche die zukünftige Entwicklung des autonomen Fahrens maßgeblich prägen bzw. die Mobilität zukünftig revolutionieren könnten. Um jegliche Fahraufgaben bewältigen zu können, sind für das autonome Fahren durch Computerberechnungen miteinander verknüpfte Informationen und Daten von Fahrerassistenzsystemen von besonderer Bedeutung (vgl. 2.5).

2.2 Automatisierungsgrade

Die elektronischen Zusatzeinrichtungen werden immer komplexer und sind zunehmend in der Lage, neben Stabilisierungsaufgaben auch Fahrkompetenzen auf der Führungsebene zu übernehmen (vgl. Stiller 2005, S.2). Je nachdem welche konkrete Funktion Fahrerassistenzsysteme übernehmen, können Fahraufgaben in sogenannte Automatisierungsgrade unterteilt werden. Die Einteilung erfolgt dabei anhand des an den Computer übertragenen Anteils an Kompetenzen. Beispielsweise hat die in ein Fahrzeug integrierte Einparkhilfe, durch die akustische Warnung, eine den Fahrenden assistierende Funktion. Der Automatisierungsgrad hängt somit im Wesentlichen vom Handlungsspielraum des einzelnen Fahrerassistenzsystems im Sinne eines unterschiedlichen Ausmaßes des programmierten Eingreifens ab (vgl. Gasser et al. 2015, S.30). Es wird unterschieden, ob der Fahrende während des Fahrens in bestimmten Aufgabenbereichen lediglich unterstützt wird oder ob diese von den Systemen teilweise bis gänzlich selbständig übernommen werden. Im Vergleich zur oben genannten Einparkhilfe kann z.B. der Einparkassistent bereits die Lenkbewegungen für den Fahrenden übernehmen.

Die nachfolgende Abbildung (Abb. 2) differenziert die Fahraufgaben, die der menschliche Fahrende zu übernehmen hat, nach ihrem Automatisierungsgrad (aufsteigend von unten nach oben) in die fünf Stufen: „Driver only", Assistiert, Teilautomatisiert, Hochautomatisiert und Vollautomatisiert. Diese unterscheiden sich in der jeweiligen Dimension des Eingreifens der Fahrerassistenzsysteme in die Quer- und Längsführung des Fahrzeugs, weshalb der Fahrende je nach Automatisierungsgrad andere Fahraufgaben zu übernehmen hat.

Nomenklatur	Fahraufgaben des Fahrers nach Automatisierungsgrad
Vollautomatisiert	Das System übernimmt Quer- und Längsführung vollständig in einem definierten Anwendungsfall • Der Fahrer muss das System dabei nicht überwachen • Vor dem Verlassen des Anwendungsfalles fordert das System den Fahrer mit ausreichender Zeitreserve zur Übernahme der Fahraufgabe auf • Erfolg dies nicht, wird in den risikominimalen Systemzustand zurückgeführt • Systemgrenzen werden alle vom System erkannt, das System ist in allen Situationen in der Lage, in den risikominimalen Systemzustand zurückzuführen
Hochautomatisiert	Das System übernimmt Quer- und Längsführung für einen gewissen Zeitraum in spezifischen Situationen • Der Fahrer muss das System dabei nicht überwachen • Bei Bedarf wir der Fahrer zur Übernahme des Fahraufgabe mit ausreichender Zeitreserve aufgefordert • Systemgrenzen werden alle vom System erkannt. Das System ist nicht in der Lage, aus jeder Ausgangssituation den risikominimalen Zustand herbeizuführen
Teilautomatisiert	Das System übernimmt Quer- und Längsführung (für einen gewissen Zeitraum oder/und in spezifischen Situationen) • Der Fahrer muss das System dauerhaft überwachen • Der Fahrer muss jederzeit zur vollständigen Übernahme der Fahrzeugführung bereit sein
Assistiert	Fahrer führt dauerhaft entweder die Quer- oder die Längsführung aus. Die jeweils andere Fahraufgabe wird in gewissen Grenzen vom System ausgeführt • Der Fahrer muss das System dauerhaft überwachen • Der Fahrer muss jederzeit zur vollständigen Übernahme der Fahrzeugführung bereit sein
Driver only	Fahrer führt dauerhaft (während der gesamten Fahrt) die Längsführung (Beschleunigen/Verzögern) und die Querführung (lenken) aus

Quelle: Bundesanstalt für Straßenwesen (BASt) 2012

Diese 2012 veröffentlichten Nomenklatur aus dem Bericht der Bundesanstalt für Straßenwesen (BASt) über die „Rechtsfolgen zunehmender Fahrzeugautomatisierung" wird in der deutschen Fachliteratur zunehmend als Basis zur Beschreibung unterschiedlicher Automatisierungsstufen verwendet. Damit bildet diese Nomenklatur das Pendant zu der in der englischsprachigen Fachliteratur verwendeten Einteilung der amerikanischen Behörde National Highway Traffic Safety Administration (NHTSA) (vgl. Gasser et al. 2012).

Daher wird auch hier die Einteilung der BASt als Grundlage verwendet.

2.3   Begriffsabgrenzung autonomes Fahren

Abhängig vom Automatisierungsgrad können und werden zukünftige Fahrzeuge zunehmend mehr Fahraufgaben übernehmen. Doch ab welchem Punkt kann vom autonomen Fahren gesprochen werden?

Besonders in den Medien wird der Begriff „autonomes Fahren" häufig diffus als Synonym für „automatisiertes Fahren" verwendet. Die Einteilung nach Automatisierungsgraden (vgl. 2.2) hat jedoch bereits gezeigt, dass der Begriff „automatisiert" allein schon einen großen Spielraum in Hinblick auf Art und Tiefe des Eingriffs in die Fahrzeugführung zulässt. Um im Folgenden ein einheitliches Verständnis des Begriffs „autonomes Fahren" zu erreichen, erfolgt im Folgenden eine Betrachtung und Abgrenzung der einzelnen Bezeichnungen.

Um die Begrifflichkeit näher zu präzisieren wird selbst in der Fachliteratur mitunter der Automatisierungsgrad „Vollautomatisiert" mit der Stufe des autonomen Fahrens gleichgesetzt. Laut der Definition der BASt wird unter der Vollautomatisierung jedoch ein System bezeichnet, bei dem sich die vollständige Übernahme der Fahraufgabe ausschließlich auf einen definierten Anwendungsfall beziehen muss (vgl. Abb. 2).

Auch Hersteller nutzen diese ungenaue Definition vermehrt zu Werbezwecken: „Ab 2020 werden wir serienreife Fahrzeuge haben, die sich autonom auf Autobahnen bewegen" verkündete beispielsweise Ralf Herrtwich, der Leiter des autonomen Fahrens bei Daimler, auf der IAA 2015 (Blechner 2015). Allerdings ließen sich diese Fahrzeuge, welche lediglich den Fahrabschnitt der Autobahnfahrt vollautomatisiert zurücklegen können, allenfalls als teilautonom bezeichnen.

Das aus dem griechischen stammende Wort „Autonomie" wird auf Deutsch mit „Unabhängigkeit" oder „Selbstständigkeit" übersetzt. Auf das autonome Fahren bezogen bedeutet dies, dass Fahrerassistenzsysteme, die ausschließlich auf Basis des vorprogrammierten Verhaltens handeln, legitimiert sind, eigenständig den Prozess des Fahrens durchzuführen. Die Möglichkeit anhand von konkreten Daten und Informationen selbstständig Entscheidungen zu treffen und die daraus folgende Handlung anschließend selbstständig ausführen zu können, unterscheidet unterstützend wirkende Fahrerassistenzsysteme von autonomen Fahrrobotern. Im Unterschied zum Grad der Vollautomatisierung ist das autonome System somit in der Lage, alle Situationen von Start bis Ziel komplett selbstständig zu bewältigen (vgl. BMVI 2015, S.6). Diese Abgrenzung wird in der folgenden Abbildung (Abb.3) verdeutlicht.

Abbildung 3: Abgrenzung zwischen vollautomatisiertem und autonomem Fahren

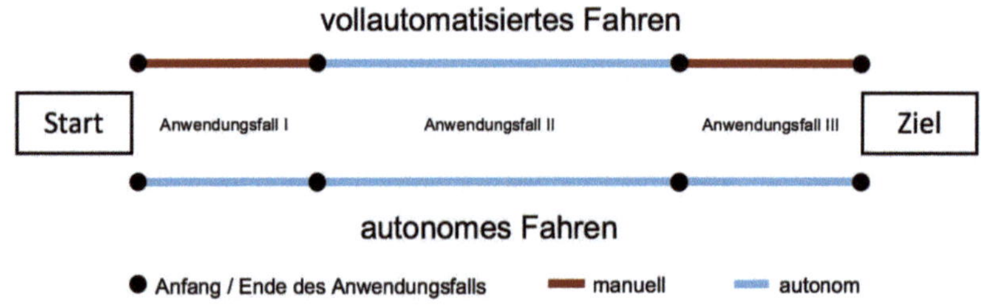

Quelle: eigene Darstellung

Der Begriff des autonomen Fahrens geht demnach noch über die Einteilung der BASt hinaus und gilt im Folgenden als höchste Form der Automatisierung, nämlich die des vollständig eigenständig fahrenden Fahrzeugs.

2.4 Entwicklungslinien des autonomen Fahrens

In Hinblick auf die Entwicklungsmöglichkeit des autonomen Fahrens können drei wesentliche Einführungsszenarien unterschieden werden (vgl. Beiker 2015, S.199).

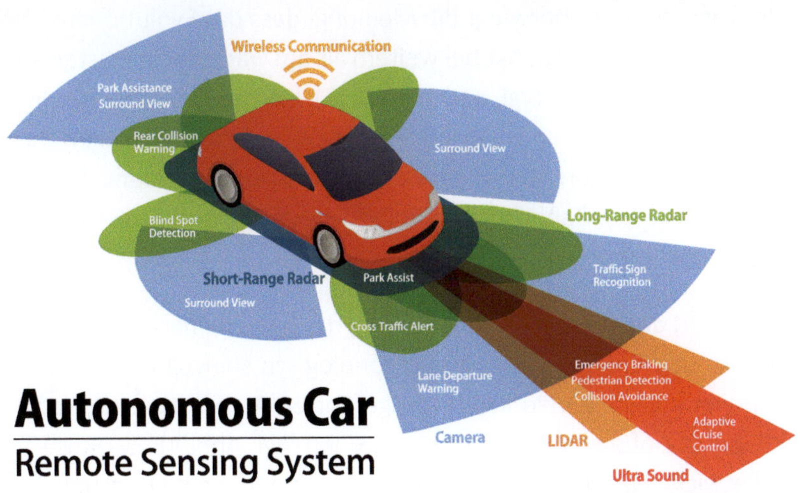

Evolutionäres Szenario: Die Weiterentwicklung einiger in 2.1 vorgestellten Fahrerassistenzsysteme, mit dem Schwerpunkt auf der Führungs- und Stabilisierungsebene

Das „Evolutionäre Szenario" geht von der kontinuierlichen Weiterentwicklung der Fahrerassistenzsysteme bis zur Entwicklung eines autonomen Fahrzeugs von Seiten der Automobilhersteller aus (vgl. Beiker 2015, S.200).

Das „Revolutionäre Szenario" hält die direkte Markteinführung eines fertigen autonomen Fahrzeugs durch automobilfremde Technologiefirmen ohne jegliche Vorversionen mit niedrigeren Automatisierungsgraden für möglich (vgl. Beiker 2015, S.202).

Das „Transformative Szenario" schließlich, welches vor allem durch Mobilitätsdienstleister vorangetrieben wird, beinhaltet die Verschmelzung von individuellem und öffentlichem Verkehr im Sinne von autonomen Taxis ohne menschlichen Fahrenden, die beispielsweise durch Smartphone-Apps angefordert werden können (vgl. Beiker 2015, S.213).

In der Fachliteratur überwiegt die Meinung, dass das Evolutionäre Szenario zum jetzigen Zeitpunkt bei weitem als am wahrscheinlichsten eingeschätzt werden kann (vgl. Bernhart 2015). Und auch Google kündigte auf der IAA 2015 an, ein zukünftiger Kooperationspartner von erfahrenen Automobilkonzernen und kein eigener Hersteller werden zu wollen (vgl. Fromm 2015). Daher soll dieser Entwicklungsprozess im Folgenden vorgestellt werden.

Hierbei wird der Versuch unternommen, die Systeme nach derzeitigem Kenntnis- und Entwicklungsstand chronologisch sinnvoll und auf Basis der im vorangegangenen Kapitel eingeführten Automatisierungsgrade nach ihrem Einführungszeitpunkt zu ordnen (vgl. Abb. 4). Zur Auswahl und Entwicklungsfähigkeit der genannten Systeme herrscht grundsätzlich Einigkeit in der aktuellen Fachliteratur.

Abbildung 4: Potenzieller Entwicklungsprozess des autonomen Fahrens

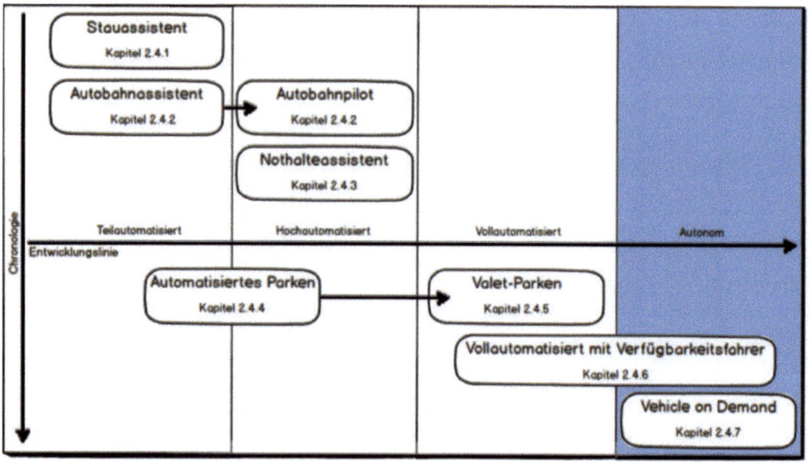

Quelle: eigene Darstellung

Anzumerken ist, dass die vorzustellenden Systeme in der Bezeichnung je nach Hersteller teilweise enorm variieren. Dies ist insbesondere auf die Aktualität der Entwicklung sowie auf Vermarktungsstrategien der Hersteller zurückzuführen. Beispielsweise wird das System, das bei BMW schlicht „Stauassistent" (vgl. BMW AG 2015a) heißt, bei Mercedes-Benz derzeit als „Distronic Plus mit Lenk-Assistent und Stop&Go Pilot" (Mercedes-Benz 2015a) bezeichnet. Das macht die Systeme und deren Funktionsumfang für den Laien zurzeit sehr intransparent. Daher werden im Folgenden die derzeit am häufigsten genutzten bzw. verallgemeinerten Bezeichnungen verwendet.

2.4.1 Stauassistent

Der Stauassistent ermöglicht ein automatisiertes Fahren bei zähfließendem Verkehr oder Stau. Es handelt sich um ein vergleichsweise einfaches und kostengünstiges System, das heute bereits in einigen Fahrzeugen eingesetzt wird. Dadurch kann das System derzeitig als Ausgangspunkt für die Entwicklung des autonomen Fahrens und somit als Brücke hin zu zukünftigen Systemen angesehen werden.

Der Stauassistent basiert auf einer Verknüpfung der Informationen aus dem Adaptive Cruise Control (ACC), auch als Abstandsregeltempomat bezeichnet, und dem Spurhalteassistenten (auch Spurassistent).

Das ACC System, das als Weiterentwicklung des klassischen Tempomaten (englisch Cruise Control (CC)) angesehen werden kann, regelt die an die jeweilige Fahrsituation angepasste Fahrgeschwindigkeit. Je nach System werden über ein Radar oder Lidar (Light Detection and Ranging- einem dem Radar ähnlichen System, bei dem Laserstrahlen statt Funkwellen verwendet werden) Informationen über den Abstand zum vorausfahrenden Fahrzeug und dessen Geschwindigkeit ermittelt (vgl. Winner/Schopper 2015, S.852). Dies ermöglicht die automatische Abstandseinhaltung zum vorausfahrenden Fahrzeug, also eine Längsführung, durch das ACC. Der Fahrende bleibt dabei verantwortlich für die Fahrzeugführung und das System kontrolliert dies eigenständig, indem es diesen auffordert mindestens eine Hand am Lenkrad zu haben. Ist dies nicht der Fall, schaltet sich das System nach einigen Sekunden ab. Der aufrechterhaltene Interaktionszwang des menschlichen Fahrenden begründet sich aus den derzeitigen rechtlichen Regelungen und wird im Kapitel 4.3 näher erläutert. Daher zählt der Stauassistent nicht zu den Systemen des hochautomatisierten, sondern zu denen des teilautomatisierten Fahrens.

Fahrbahn- und Umfelderkennung des Stauassistenten

Der Spurhalteassistent hingegen warnt den Fahrenden beim unbeabsichtigten Verlassen einer Fahrspur und greift gegebenenfalls regulierend ein. Dieses System, das per Kameras die Fahrbahnmarkierung erfasst und unter Zuhilfenahme weiterer Fahrdynamikdaten das Fahrzeug auf der Fahrspur hält, ermöglicht somit die Querregelung des Fahrzeugs. Wie schon beim ACC, erfordert auch der Spurhalteassistent, dass der Fahrende als Kontrollfaktor in der Fahrverantwortung bleibt, sodass auch hier das System nach einigen Sekunden abgeschaltet wird, falls der Fahrende nicht mindestens eine Hand am Lenkrad hat (vgl. Bartels et al. 2015, S.953).

Als Kombination aus dem ACC und Spurhalteassistent ermöglicht der Stauassistent als erstes Fahrerassistenzsystem, das bereits in Serie eingesetzt wird, automatisiertes Fahren sowohl in Längs- als auch in Querrichtung (vgl. Beiker 2015, S.200). Durch Systemgrenzen kann der Stauassistent derzeit nur bei niedrigen Geschwindigkeiten, beispielsweise beim VW Passat bis 60 km/h (Volkswagen AG 2015b), aktiviert werden und erfordert wiederum den Anwesenheitsbeweis des Fahrenden über den Kontakt einer Hand am Lenkrad (vgl. Lüke et al. 2015, S.1007). Ist dies nicht der Fall oder erkennt das System die Situation nicht mehr, beispielweise aufgrund einer fehlenden Fahrbahnmarkierung, so signalisiert es dem Fahrenden, dass dieser zu übernehmen hat und deaktiviert sich nach wenigen Sekunden.

2.4.2 Autobahnassistent

Der Autobahnassistent, im höheren Automatisierungsgrad auch als Autobahnpilot bezeichnet (vgl. Abb. 4), wird allgemein als die logische Weiterentwicklung des Stauassistenten angesehen und stellt somit potentiell ein zukünftiges Fahrerassistenzsystem dar. Er würde damit nicht nur das automatisierte Fahren in zähfließendem Verkehr oder in einem Stau, sondern auch auf der gesamten Autobahn bzw. autobahnähnlichen Straßen ermöglichen.

Zusätzlich zum ACC und Spurhalteassistent, welche bereits beim Stauassistent zum Einsatz kommen, ist beim Autobahnassistent ein Spurwechselassistent erforderlich.

Der Spurwechselassistent erfasst Fahrzeuge auf den Nachbarspuren, je nach Hersteller mithilfe von Kameras bzw. Radar- oder Ultraschallsensoren und ermöglicht im Zusammenspiel mit den anderen Systemen somit einen sicheren Fahrstreifenwechsel (vgl. Forster 2015, S.56).

Die Autobahn sticht, gerade zu Beginn der Ära des autonomen Fahrens, als Einsatzgebiet heraus. Im Vergleich zum städtischen Verkehr stellt sie durch die Verminderung an dynamischen Objekten eine vereinfachte Szenerie dar, sodass deutlich weniger Informationen in das System eingebettet werden müssen (vgl. Wachenfeld et al. 2015, S.13). Es soll ermöglicht werden das System ab der Autobahnauffahrt aktivieren zu können und, verbunden mit einem in das Navigationssystem eingegebenen Ziel, das Fahrzeug bis zur Autobahnausfahrt vollautomatisiert fahren zu lassen. Die dafür benötigte Technik ist bereits vorhanden. Dies wurde durch Testprojekte mehrerer Automobilhersteller bestätigt (vgl. Kleine-Besten et al. 2015, S.1176). Bei der weiteren Entwicklung wird nun ein Fokus auf besser greifende Sicherheitssysteme für unvorhersehbare Fahrsituationen und auf eine hohe Zuverlässigkeit gelegt. Sowohl Zulieferer als auch Automobilhersteller stellen hierfür eine mögliche Einführung ab dem Jahre 2020 (Bosch 2015) in Aussicht. Inwieweit diese Einschätzung realistisch ist, muss aufgrund der Komplexität des Systems und dem werbenden Charakter entsprechender Ankündigungen jedoch mit Vorsicht betrachtet werden.

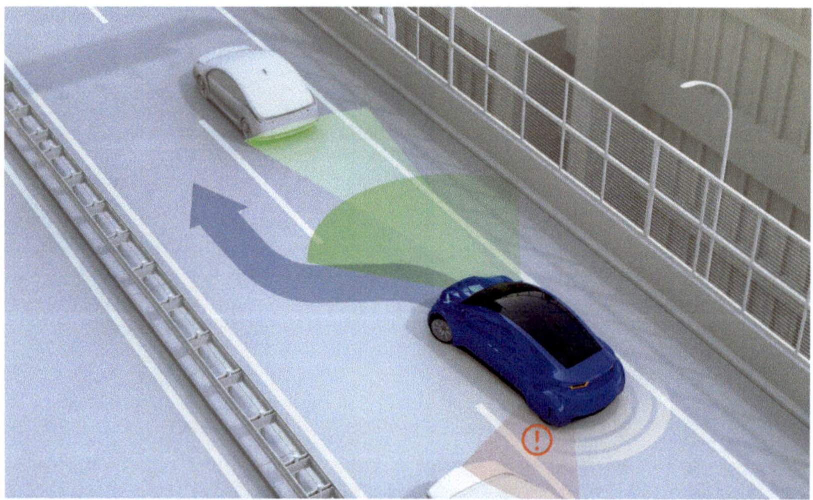

Automatisierter Überholvorgang des Autobahnassistenten

Weiterhin spielt auch der angestrebte Automatisierungsgrad des ein-zuführenden Systems eine entscheidende Rolle. Wie der Stauassistent könnte der Autobahnpilot anfänglich ebenfalls durch Warnsysteme bzw. Deaktivierung den Fahrenden in der Fahrverantwortung halten und somit zunächst als teilautomatisiertes System betrieben werden. Dass sich daraus auch Gefahren ergeben, wird im Kapitel 4.1.1 näher erläutert.

Nichtsdestotrotz ist es beispielsweise seit Oktober 2015 durch Sonder-genehmigungen dem Hersteller Daimler erlaubt, den weltweit ersten Truck mit hochautomatisierten Autobahnassistenten auf Deutschlands Autobahnen zu testen (vgl. Hägler 2015). Daher spricht vieles dafür, dass der Autobahnassistent das erste serienmäßige System sein wird, bei dem der serienreife Schritt von teil- zum hochautomatisierten Fah-ren gelingt.

2.4.3   Nothalteassistent

Sobald ein serienreifer hochautomatisierter Autobahnpilot entwickelt wurde, liegt aufgrund ähnlicher Systemanforderungen der Einbau ei-nes integrierten Nothalteassistenten nahe. Im Unterschied zum be-reits serienreifen Notbremsassistenten, der ausnahmslos für eine Notbremsung konzipiert wurde, hätte dieser die Aufgabe bei etwaiger Unzurechnungsfähigkeit bzw. Bewusstlosigkeit des Fahrzeugführen-den mit einem sicheren Halt am Straßenrand („sicherer Zustand") bzw. der Vermeidung eines schweren Unfalls zu reagieren (vgl. Langer et al. 2015, S.696). Wie beim „eCall-System", das bereits in modernen Autos verbaut ist, kann durch den Assistenten zeitgleich ein automatischer Notruf abgesetzt werden, der wiederum eine schnellere medizinische Versorgung ermöglichen würde (vgl. Scherer 2014, S.353). Damit der Nothalteassistent im richtigen Moment greift, muss das System dazu im Stande sein, den Zustand des Fahrenden zu überwachen und zu be-urteilen. Diese Systeme erhalten ihre Informationen über den Zustand des Fahrenden meist über eine direkt auf den Fahrzeugführenden gerichtete Kamera oder durch Informationen anderer Systeme, wie beispielsweise das durch den Spurhalteassistenten gemessene individuelle Fahrverhalten (vgl. Langer et al. 2015, S.697). Solche Funktionen existieren in abgeschwächter Form bereits in vielen modernen Fahrzeugen. Die Müdigkeitserkennung von VW beispielsweise wertet ab einer Geschwindigkeit von 65 km/h das Fahrverhalten aus, leitet daraus Rückschlüsse auf die Fahrtüchtigkeit ab und rät dem Fahrenden ggf. daraufhin durch ein optisches und akustisches Signal zu Pausenzeiten (vgl. Volkswagen AG 2015c).

2.4.4   Automatisiertes Parken

Bereits heute kann in einigen neuen Automodellen durch den semiautomatischen Einparkassistenten, die Vorstufe des automatisierten Parkens, ein erster Eindruck entstehen, was in Zukunft alltäglich werden könnte. Diese serienreifen Systeme helfen dem menschlichen Fahrenden das Fahrzeug sowohl in quer- als auch in längsseitige Parklücken zu manövrieren, ohne dabei das Lenkrad benutzen zu müssen (vgl. Katzwinkel et al. 2015, S.848). Jedoch ist nach wie vor die Bedienung von Gas- und Bremspedals sowie, bei Fahrzeugen mit Schaltgetriebe, der Kupplung durch den Fahrzeugfahrenden zu vollziehen.

Eine Weiterentwicklung, quasi die Verknüpfung des Parkassistenten mit den Systemen des Autobahnassistenten, könnte den Weg zum automatisierten Parken ebnen. Diese vollautomatischen Systeme, die den gesamten Parkvorgang selbstständig absolvieren können, befinden sich derzeit noch in der Forschungs- und Vorentwicklungsphase (vgl. Katzwinkel et al. 2015, S.842). Damit würde erstmals ein hochautomatisiertes System im „Stadtverkehr" Anwendung finden.

Davon ausgehend werden weiterentwickelte Systeme zunehmend in der Lage sein, neben der Übernahme des reinen Parkvorgangs, den

Fahrenden auch in Rangiersituationen zu unterstützen oder eigenständig eine Parklücke zu suchen (vgl. Mathes 2015, S.9).

Allerdings ist auch beim automatisierten Parken eine schrittweise Automatisierungsgradeinführung vorstellbar, sodass das System zunächst teilautomatisiert den Fahrenden zwingen könnte, in der Fahrzeugverantwortung zu bleiben. In weiteren Entwicklungsstufen ist durchaus eine Hochautomatisierung, später sogar eine Vollautomatisierung, das sogenannte Valet-Parken, vorstellbar (vgl. Abb. 4).

2.4.5   Valet-Parken

Die letzte Weiterentwicklungsstufe des Parkassistenten stellt das Valet-Parken dar (vgl. Winner 2015, S.1181). Dieses System soll selbstständig einen Parkplatz suchen können. Damit ermöglicht es dem Fahrenden direkt am gewünschten Zielort auszusteigen. Durch ein Rufsignal, beispielweise durch ein Mobiltelefon, soll das Auto den Fahrenden eigenständig an einem Wunschort wieder abholen können.

Dass der Entwicklungsweg sich auf das Valet-Parken zubewegt, zeigt das Pilotprojekt der Firmen Mercedes, Bosch sowie dem Carsharing-Unternehmen car2go (vgl. Pudenz 2015). Wegen der derzeit systembedingt geringen Geschwindigkeiten der Fahrzeuge wurde die Idee entwickelt, das System zunächst auf ein bestimmtes Einsatzgebiet zu beschränken, da es sonst als Verkehrsbehinderung auf den Straßen angesehen werden könnte. Die in der Mitte des Jahres 2015 gestartete Kooperation erforscht ein System, bei welchem die Fahrzeuge einen eigenen Stellplatz in einem Parkhaus suchen und bei Bedarf, per Abruf über eine Anwendungssoftware (mobile app), wieder selbstständig zur Ausfahrt zurückkehren.

In weiteren Entwicklungsschritten steht das System allerdings vor der Aufgabe, auch den erhöhten innerstädtischen Anforderungen gerecht zu werden (vgl. Wachenfeld et al. 2015, S.15). Dabei spielen besonders die Systeme der (Umfeld-)Sensorik, z.B. die Objekterkennung zur Vermeidung von Kollisionen, eine entscheidende Rolle (vgl. 2.5). Außerdem wird mit höheren Automatisierungsgraden eine zunehmende Kommunikation im Verkehr notwendig. Damit würde das Valet-Parken das erste System darstellen, bei dem das Fahrzeug in einem definierten Anwendungsfall ohne Insassen vollautomatisiert fahren könnte (vgl. Wachenfeld et al. 2015, S.15).

2.4.6   Vollautomatisiert mit Verfügbarkeitsfahrer

Eine logische Weiterentwicklung von Autobahnassistent und Valet-Parken ist ein vollautomatisiertes System mit Verfügbarkeitsfahrer, also einem Insassen, der auch manuell fahren bzw. in die Fahrt eingreifen könnte (vgl. Wachenfeld et al. 2015, S.17). Das System wäre nun erstmalig in der Lage das Fahrzeug in vielen Situationen vollautomatisiert zu fahren. Während der vollautomatisierten Fahrt hätten die Insassen nun auch nicht mehr die Aufgabe das System zu überwachen und könnten indessen anderen Beschäftigungen nachgehen (vgl. 3.2).

Wie auch bei den vorher beschriebenen Systemen ist hier eine schrittweise Einführung der Automatisierungsgrade von teil- über hoch- bis vollautomatisiert denkbar. Zum Beispiel könnten einzelne Gebiete erst nach und nach für das vollautomatisierte Fahren freigegeben werden (vgl. Wachenfeld et al. 2015, S.17). Sobald dies der Fall ist und die gesamte Fahrt ohne ein Überwachen bzw. Eingreifen eines Insassen möglich würde, wäre das autonome Fahrzeug endgültig realisiert. Diese Vision kommt der derzeitig vorherrschenden Vorstellung des autonomen Fahrens wohl am nächsten.

2.4.7   Vehicle on demand

Die derzeit höchste Entwicklungsstufe des Evolutionären Szenarios stellt das autonome „Vehicle on Demand", das abrufbare Fahrzeug, dar. Bei diesem System gäbe es gar keine manuellen Eingriffsmöglichkeiten der Insassen mehr (vgl. Wachenfeld et al. 2015, S.19). Das Fahrzeug würde seine Fahrgäste selbstständig an ihren Wunschort transportieren. Die Optionen der Reisenden beschränken sich auf die Wahl des Zieles oder ein Anhalten, welches auch als Safe-Exit bezeichnet wird.

Potenzielles Innendesign eines Vehicle on Demand

Das „Vehicle on Demand" würde damit wahrscheinlich sowohl das Design zukünftiger Autos (vgl. 3.2) als auch die Vorstellung von Mobilität und Infrastruktur gänzlich revolutionieren (vgl. 3.4). Berichte über durchgeführte Testfahren von Prototypen sowohl von Automobilherstellern als auch von IT-Unternehmen suggerieren, dass selbst dieser Schritt in absehbarer Zeit möglich sein könnte (vgl. Matthaei et al. 2015, S.1140).

2.5   Das autonome Auto

Zusammenfassend und gleichzeitig kapitelabschließend wird die Definition eines potenziellen „Prototyps" eines autonomen Autos gewagt, um die Abgrenzung zu herkömmlichen (manuellen) Fahrzeugen zu ermöglichen. Dabei sei darauf hingewiesen, dass die technische Umsetzung der Anforderungen an das Fahrzeug je nach Hersteller im Detail variiert, worauf hier nicht näher eingegangen wird.

Durch konkrete Daten und Messwerte, die während der Fahrt ermittelt werden, sollen durch computergestützte Analysen, vorher festgelegte Grenzwerte sowie Algorithmen Entscheidungen getroffen und umgesetzt werden (vgl. Jourdan/Matschi 2015, S.27). Dabei müssen die Systeme den gesamten Funktionsumfang des Fahrens absolvieren können, um den Kompetenzen eines menschlichen Fahrenden mindestens ebenbürtig zu sein. Dies erfordert neben der Fahraufgabe eine besonders genaue Wahrnehmung des Umfelds, eine intensive Kommunikation mit der Umwelt sowie eine korrekte Reaktion in Notfallsituationen. Die nachfolgende Abbildung (Abb. 5) zeigt die Fähigkeiten des menschlichen Fahrenden, die vom autonomen Auto durch elektronische Systeme ersetzt werden müssen.

Abbildung 5: Übernahme der menschlichen Fähigkeiten durch das autonome Auto

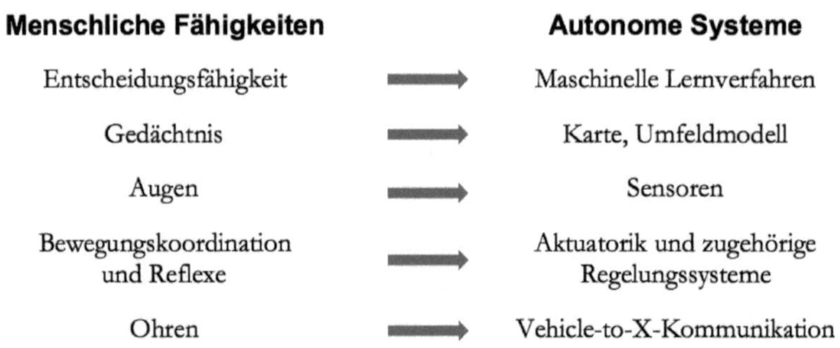

Quelle: veränderte Darstellung nach Bernhart 2015

Die Informationen aller Sensoren und Systeme werden über sogenannte Datenbusse an die zentrale Steuereinheit gesendet. Von dieser werden sie anschließend gesammelt, analysiert und verarbeitet, um adäquat auf die jeweilige Situation reagieren zu können (vgl. Matthaei et al. 2015, S.1153). Dazu zählen die Signalkonversion (internes Abbild der Außenwelt), die Signalinterpretation sowie die Entscheidungsfindung (vgl. Johanning/Mildner S.64). Hierfür sind hochkomplexe und zuverlässige Algorithmen unverzichtbar. Der Computer muss aufgrund permanent wechselnder Anforderungen und Bedingungen in der Lage sein, die menschliche Entscheidungsfähigkeit durch ein fortlaufend und selbstständig lernendes System zu ersetzen (maschinelles Lernverhalten). Obwohl sich bislang keine einheitliche Definition gefunden hat, wird diese Steuereinheit zunehmend auch als Fahrroboter bezeichnet (vgl. Wachenfeld et al. 2015, S.35).

Den technischen Ersatz der menschlichen Augen bilden Komponenten aus dem Bereich der (Umfeld-)Sensorik. Durch sie muss eine interne Systemüberwachung sowie die Wahrnehmung des Umfelds des Fahrzeugs und der Umwelt erfolgen (vgl. Kompaß 2008, S.259). Das System muss dabei sowohl über eine statische, z.B. für Fahrstreifen, als auch eine dynamische Wahrnehmung, z.B. bei Ampeln oder zu Fuß Gehenden, verfügen. Je nach dem, welche Anforderungen zu erfüllen sind, werden vor allem Daten von Radar-, Lidar- oder Ultraschalltechnologien verwendet.

Durch die Verknüpfung mit Kamera- und Navigationsdaten, sowie durch Geräte für die akustische Wahrnehmung kann ein genaues 360-Grad-Abbild der Umgebung erfasst werden (vgl. Johanning/Mildner S.63). Um die Fähigkeit des menschlichen Gedächtnisses nachzubilden, ist auch der Einsatz von detaillierten Kartendaten und mehrdimensionalen Modellen des Umfelds unabdingbar (vgl. Bernhart 2015). Diese sollen einerseits eine Navigationsaufgabe übernehmen sowie andererseits Wahrnehmungs- und Lokalisierungsfehler kompensieren können (vgl. Matthaei et al. 2015, S.1148).

Um eine reibungslose Fahrt ermöglichen zu können, müssen zusätzlich Module integriert sein, welche eine Car-to-X-Kommunikation ermöglichen (C2X). Darunter versteht man eine Technologie, die mit anderen verkehrsrelevanten Systemen aktiv kommuniziert (vgl. BMVI 2015, S.6). Damit kann das Auto sowohl mit der umgebenden Verkehrsinfrastruktur (C2I- „Car to Infrastructure") als auch mit anderen autonomen Fahrzeugen (C2C- „Car to Car") kooperieren und sich an aktuelle Gegebenheiten im Straßenverkehr anpassen. Gefährliche Manöver können auf diese Weise vermieden und ein vorausschauendes Fahren ermöglicht werden. Metaphorisch ausgedrückt ersetzt diese Art der Kommunikation die Ohren des menschlichen Fahrenden (vgl. Bernhart 2015). Zusätzlich sollen autonome Autos mit Passanten kommunizieren können. Das Forschungsfahrzeug Mercedes-Benz F015 Luxury beispielsweise projiziert einen Zebrastreifen auf die Straße, um eine sichere Möglichkeit zur Überquerung der Fahrbahn zu signalisieren.

Dabei muss das autonome Auto stets seine eigene Leistungsfähigkeit kennen und mithilfe einer Software durch ein akkurates Zusammenspiel der Regelungssysteme die Bewegungskoordination und Reflexe des menschlichen Fahrenden ersetzen, um jederzeit die funktionale sowie verkehrliche Sicherheit gewährleisten zu können (vgl. Reschka 2015, S.504). Diese Systemanforderung ist als eine Art autonomer Nothalteassistent (vgl. 2.4.3) zu verstehen und beinhaltet, dass das autonome Auto zu jedem Zeitpunkt in der Lage ist, in den „sicheren Zustand" überzugehen. Dieser würde beispielsweise beim Auftreten eines leichten Systemfehlers eine Rückkehr zur nächstgelegenen Wartungsstation und bei schwerwiegenden Fehlern einen Nothalt am Straßenrand durch das autonome System bedeuten (vgl. Reschka 2015, S.494). Auch Gefahrensituationen, wie z.B. Fahrfehler anderer Verkehrsteilnehmer, gilt es zu erkennen und korrekt zu bewerten, um handlungsschnell darauf reagieren zu können.

3.
Potenziale des autonomen Fahrens

Die Motivation zur Entwicklung des autonomen Fahrens ist sehr vielseitig und hängt oftmals vom jeweiligen Einsatzfeld ab. Hervorzuheben ist das prognostizierte Potenzial, die Sicherheit im Straßenverkehr zu verbessern. Zum anderen bietet das autonome Fahren Möglichkeiten zur Steigerung des Fahrkomforts sowie die Erhöhung der Effizienz bis hin zur Erweiterung der Mobilität (vgl. Beiker 2015, S.199).

Auch der Bundesrat teilt die Meinung, „dass automatisiertes Fahren zur Verbesserung der Sicherheit und Leichtigkeit des Straßenverkehrs beitragen, einen Beitrag zum Umweltschutz leisten und den Fahrkomfort erhöhen kann" (Bundesrat 2015).

Dabei ist bei zunehmender Marktdurchdringung mit einer stetig wachsenden Ausschöpfung dieser Potenziale zu rechnen. Umfragen ergaben, dass diese dargelegten Potenziale sich mit den gesellschaftlichen Erwartungen an das autonome Fahren decken (vgl. Fraedrich/Lenz 2015, S.651).

3.1 Sicherheit

Um das Sicherheitspotenzial des autonomen Fahrens näher beleuchten zu können, soll zunächst das Unfallgeschehen in Deutschland näher betrachtet werden. Dabei ist seit Jahrzehnten eine kontinuierliche Reduktion der Verkehrstoten zu verzeichnen. Waren es 1970 noch 21.332 Verkehrsopfer in Deutschland, so sank die Zahl auf 3339 im Jahr 2013 (vgl. Statistisches Bundesamt 2014). Der Rückgang ist umso positiver zu bewerten, wenn man in Betracht zieht, dass die Zahl der Verkehrsteilnehmer seit 1970 um mehr als 300 Prozent gestiegen ist (vgl. Kühn/ Hannawald 2015, S.56). Diese Reduktion hängt zum einen mit Maßnahmen im Straßenbau und in der Gesetzgebung zusammen. Zum anderen ist sie vor allem aber auch auf die Entwicklungsgeschichte von Fahrerassistenzsystemen zurückzuführen (vgl. 2.1).

Die Motivation der Fahrerassistenzentwicklung wird durch die folgende Abbildung (Abb. 7) verdeutlicht. Diese zeigt die Steigerung des Sicherheitspotenzials durch verkehrsrechtliche Regelungen sowie durch die Integration passiver und aktiver Fahrerassistenzsysteme (vgl. 2.1) in die Fahrzeuge, indem der Zusammenhang zur Senkung der Verkehrstoten dargestellt wird. Besonders durch passive Systeme, wie z.B. dem 3-Punkt-Gurt oder dem Airbag, kann bereits seit den 1970er Jahren ein stetig wachsendes Potenzial an Sicherheit ausgemacht werden. Die Entwicklung aktiver Systeme, z.B. des Antiblockiersystems und des Elektronischen Stabilisationsprogramms, trägt seit Mitte der 1980er Jahre zusätzlich zur wachsenden Sicherheit bei. Durch die absehbare Weiterentwicklung zu immer komplexeren Systemen, wie z.B. dem Nothalteassistenten (vgl. 2.4.3), wird das Sicherheitspotenzial auch zukünftig weiter gesteigert werden können.

Abbildung 6: Motivation der Fahrerassistenzentwicklung

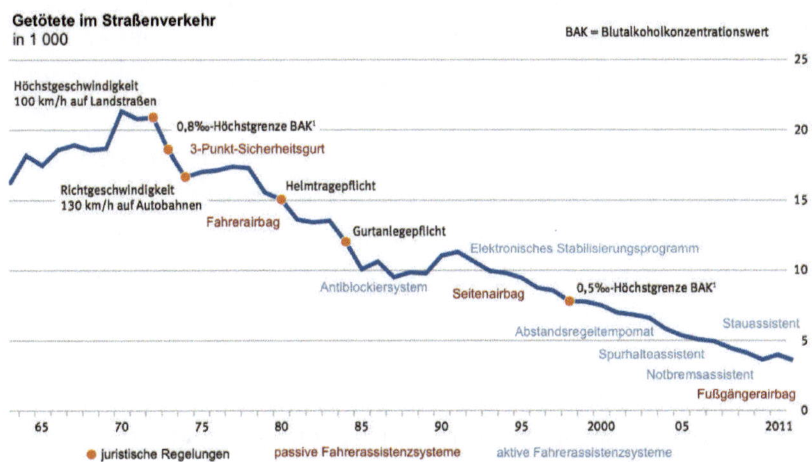

Quelle: veränderte Darstellung nach Statistisches Bundesamt 2013

Trotz der positiven Entwicklung bedeutet die Zahl der Verkehrstoten pro Jahr jedoch noch immer, dass derzeit in Deutschland ca. alle 2,6 Stunden ein tödlicher Verkehrsunfall geschieht. Für das autonome Fahren ist hierbei von besonderer Bedeutung, dass nach aktuellen Studien 93,5 % der Unfälle auf menschliches Versagen und lediglich 0,7 % auf technische Mängel zurückzuführen sind (vgl. Winkle 2015, S.369). Das Sicherheitspotenzial autonomer Fahrzeuge besteht somit vor allem darin, dass mithilfe weiter entwickelter vernetzter, selbstständig lernender Systeme die Unfälle durch menschliches Versagen minimiert werden könnten. Ob das Erreichen der „Vision Zero"- der Vision des unfallfreien Fahrens- möglich wäre, ist fraglich, es erscheint jedoch realisierbarer als jemals zuvor.

Der Vorteil der Sicherheit autonomer Fahrzeuge gegenüber herkömmlichen Automobilen besteht in der intelligenten Vernetzung aller Fahrerassistenzsysteme. Die dafür benötigte Software wird zumeist von automobilfremden IT-Firmen entwickelt, welche das Ziel haben, dass autonome Fahren zu ihrem zukünftigen Kernprodukt werden zu lassen (vgl. Winkle 2015, S.374). Neu ist, dass die Software der autonomen Systeme durch Systemupdates via Internetverbindung auf dem neuesten Stand gehalten werden könnte. Die Updates bieten sowohl Kunden als auch Herstellern viele Vorteile, wie die Integration erweiternder Funktionen, Zeiteinsparungen oder günstige und schnell umsetzbare Fehlerbehebungen. Sie ermöglichen vor allem aber ein stets aktuelles, aufeinander abgestimmtes Sicherheitssystem. Daraus kann eine nahezu perfekte Interaktion zwischen den Systemkomponenten in einem Fahrzeug, unter den autonomen Fahrzeugen miteinander sowie der umgebenden Infrastruktur ermöglicht werden. Durch die gesammelten Daten könnten Gefahrensituationen, beispielsweise Straßenschäden oder Notbremsmanöver des vorausfahrenden Fahrzeugs, im Vorhinein von den Systemen antizipiert und bei der Planung von Fahrmanövern berücksichtigt werden (Reschka 2015, S.506). Dies ermöglicht ein vorausschauendes Fahren und einen ggf. ausschlaggebenden Zeitvorteil in einer Dimension, welche durch einen menschlichen Fahrenden nicht erreicht werden könnte.

Präzise Umfeldwahrnehmung durch intelligente Vernetzung der Assistenzsysteme erhöht die Sicherheit im Straßenverkehr

Testfahrten zeigten diesbezüglich beeindruckende Fähigkeiten der autonomen Fahrzeuge und bestätigten, dass es bereits heute möglich ist, Strecken mit einem gesteigerten Maß an Sicherheit zu absolvieren (vgl. Reschka 2015, S.490). Im „Google Self-Driving Car Project" sind autonome Autos in den letzten sechs Jahren über 1,8 Millionen Meilen gefahren (vgl. Google.com 2015). Nach eigenen Angaben ist es dabei zwar zu einigen Unfällen gekommen, jedoch wurde keiner davon durch die autonomen Systeme verursacht.

Da die Systeme bislang noch nicht im Alltag zum Einsatz kommen und konkrete Sicherheitspotenziale aus realen Unfalldaten abgeleitet werden, war es bislang noch nicht möglich, das genaue Potenzial des autonomen Fahrens durch empirische Studien zu belegen (vgl. Winkle 2015, S.367). Allerdings existieren erste Prognosemodelle, die Schlussfolgerungen auf Basis der Einführungsszenarien, von Expertenabschätzungen und unter Verwendung von Annahmen und Unfalldaten, die von Fahrzeugen niedrigerer Automatisierungsgrade gewonnen wurden, erlauben. Das Modell der Daimler-Unfallforschung ergab 198.175 durch automatisierte PKW vermeidbare Unfälle im Jahr 2010 (vgl. Winkle 2015, S.367). Damit kommt die Studie zu der Schlussfolgerung, dass durch die zunehmende Automatisierung bis 2020 eine Unfallreduktion von 10 Prozent, bis 2050 sogar von 50 Prozent und bis 2070 die „Vision Zero" erreichbar wäre. Darin sind allerdings weder die vermeintliche Vermeidung von Unfällen nicht autonomer Fahrzeuge, noch eine Abschätzung der Unfallverursachung anderer Verkehrsteilnehmer, noch die Unfälle durch technische Mängel mit einbezogen.

Es ist zwar anzunehmen, dass durch das autonome Fahren nicht alle Unfallszenarien vermieden werden können. Jedoch „scheint die Vision von flächendeckend fahrerlosen Fahrzeugen im Straßenverkehr einen gesellschaftlich erstrebenswerten Nutzen zu versprechen" (Winkle 2015, S.374). Das sich daraus ergebende Potenzial „eröffnet dem „sicheren Fahren" eine neue Welt" (Heudorfer/Meißner 2008, S.238).

3.2 Flexibilität & Komfort

Zeitmangel und Stress gehören in unserer heutigen Welt zu den größten Alltagssorgen (vgl. Paukner 2013). Weiterführend ist anzumerken, dass weltweit 1,2 Milliarden Autofahrende im Durchschnitt 50 Minuten am Tag im Auto verbringen (vgl. McKinsey & Company 2015).

Während derzeitige Fahrerassistenzsysteme zunächst nur lästige Teilaufgaben übernehmen und dem Fahrenden stets die Aufgabe der Überwachung der Fahrzeugführung aufbürden (vgl. 2.1), bieten autonome Fahrzeuge den Vorteil, die Fahrzeit vollständig individuell nutzbar zu machen. Autofahrenden Berufspendelnden in Deutschland, die bis zu 450 Stunden pro Jahr verkehren, ermöglicht die neue Technologie beispielsweise diese Zeit zum Arbeiten oder auch für die Freizeit zu nutzen (vgl. Johanning/Mildner S.71).

Eine Befragung von jungen Fahrenden zwischen 19 und 31 Jahren kam zu dem Ergebnis, dass die Fahraufgabe oftmals als lästig angesehen wird und sich lieber anderen Tätigkeiten gewidmet werden würde (vgl. Fraedrich/Lenz 2015, S.647). Daher ist davon auszugehen, dass sich auch das Design zukünftiger Automobile den neuen Gegebenheiten anpassen wird. Das Fahrzeug könnte beispielsweise dadurch deutlich energieeffizienter gestaltet werden (vgl. 3.3). Insbesondere durch die Neukonzeptionen des gesamten Innendesigns sind erhebliche Komfortsteigerungen zu erwarten. Den Visionen der Hersteller und Designer scheinen dabei derzeit keine Grenzen gesetzt zu sein (vgl. Winner/Wachenfeld 2015, S.284). Diese reichen von eingebauten Arbeitsplätzen über Sitzecken bis hin zu Schlafgelegenheiten, die ein deutlich komfortableres Reisen ermöglichen würden. Zukünftige Baukastensysteme der Hersteller würden voraussichtlich dementsprechend individueller auf den vom Kunden gewünschten Komfort während der Fahrt ausgelegt werden (vgl. Ersoy 2013, S.683). Allerdings ist Google derzeit der einzige Hersteller, der bereits während der Forschung- und Entwicklungsphase teilweise auf ein eingebautes klassisches Lenkrad verzichtet (vgl. Johanning/Mildner 2015, S. 74). Daher ist eher langfristig mit einer drastischen Veränderung des Fahrgastraums zu rechnen.

Eine Umfrage von Verkehrsteilnehmern ergab, dass sich 28 Prozent der Befragten von automatisierten Fahrzeugen eine merkliche Steigerung sowohl der Flexibilität, als auch des Komforts erhoffen (vgl. Fraedrich/ Lenz 2015, S.651). Die beschriebenen Aspekte zeigen, dass die Erwartungen ihre Berechtigung haben und die Flexibilität sowie der Komfort mithilfe des autonomen Fahrens durchaus signifikant verbessert werden könnten.

Erhöhte Flexibilität gibt einem beispielsweise die Möglichkeit beim Fahren zu lesen

3.3   Effizienz

Die Effizienz als weiteres Potenzial des autonomen Fahrens lässt sich in die beiden Felder Wirtschaftlichkeit und Wirksamkeit unterteilen. Darunter ist zum einen eine Minderung der bisherigen monetären und externen Kosten zu verstehen, zum anderen eine Steigerung der Verkehrseffizienz im Sinne einer Verbesserung der Kapazitätsauslastung (vgl. BMVI 2015, S.8).

Eine bessere Kosteneffizienz ergibt sich vor allem durch eine vom Computer gesteuerte „ideale" Fahrstrategie. Dadurch könnte beispielsweise die Antriebsenergie autonomer Fahrzeuge optimal eingesetzt und auf diese Weise der Kraftstoffverbrauch minimiert werden (vgl. Fraedrich/ Lenz 2014, S.50). Die damit einhergehende Emissionsreduktion würde gleichzeitig zur Senkung negativer externer Effekte beitragen. Gänzlich neue Designmöglichkeiten des Fahrzeugs (vgl. 3.2) könnten Luftwiderstände senken und somit durch eine bestmögliche Aerodynamik ebenfalls zur Steigerung der Effizienz beitragen (vgl. Winner/Wachenfeld 2015, S.273).

Abhängig von dem zu erwartenden Mobilitätswandel (vgl. 3.4) ist durchaus vorstellbar, dass heute anfallende Individualkosten, wie beispielweise teure Taxifahrten, zukünftig wegfallen könnten. Außerdem ist aufgrund der steigenden Sicherheit der Systeme zusätzlich von einer Senkung der Versicherungsprämien auszugehen.

Das Bundesministerium für Verkehr und digitale Infrastruktur (BMVI) prognostiziert für das Jahr 2030 einen Anstieg der Verkehrsleistung von fast 13 Prozent im motorisierten Personenverkehr (vgl. BMVI 2014, S.4). Autonome Fahrzeuge könnten dazu beitragen, diesem erhöhten Verkehrsaufkommen und den damit verbundenen Auswirkungen auf Mensch und Umwelt gerecht zu werden. Durch das systemisch koordinierte Fahrverhalten, lässt sich eine deutlich höhere Verkehrseffizienz erwarten. Untersuchungsmodelle mit autonomen Verkehr, in welchen die vorhandene Infrastruktur besser genutzt werden würde, ergaben durch „signifikante Kapazitätssteigerung" und Fahrzeitreduktion eine Erhöhung der Qualität des Verkehrsablaufs (vgl. Bernhard 2015, S.347).

Auch die digitale Vernetzung würde zu einem stetig effizienter werdenden Verkehrssystem führen. Durch die Kommunikation sowohl unter den Fahrzeugen als auch mit dem Umfeld, könnten bereits im Mischverkehr, also dem Vorhandensein sowohl herkömmlicher als auch autonomer Fahrzeuge im Verkehr, viele Informationen übertragen werden, um beispielsweise die Verkehrstelematik zu präzisieren. Verbesserte Verkehrsleitsysteme sowie akkuratere Verkehrsdaten könnten dazu dienen, Verkehrsflüsse zu verbessern und vorhandene Straßenkapazitäten effizienter auszunutzen (vgl. BMVI 2015, S.8). Dabei wächst die Kapazität mit der Anzahl autonomer Fahrzeuge überproportional an. Dies hängt vor allem mit der Verkürzung der Zeitlücken zwischen den Fahrzeugen (Abstandsregelung) zusammen. Bei reinem autonomen Verkehr lässt sich die Kapazität durch eine höhere Geschwindigkeit bei konstanter Verkehrsdichte nochmals deutlich steigern (vgl. Bernhard 2015, S.348).

3.4   Mobilität

Der Mobilitätswandel stellt bezüglich der Vor- und Nachteile sowie der Bewertung des Ausmaßes das am schwierigsten zu beurteilende Kapitel dar und basiert auf einer Vielzahl von Hypothesen. Selbst das von der EU ausgegebene Dokument „the EU 2020 strategy", das sich u.a. mit den Zukunftsaspekten des europäischen Automobilmarkts beschäftigt, beinhaltet kaum Ausblicke auf den Mobilitätswandel durch autonomes Fahren (vgl. Schreurs/Steuwer 2015, S.155). Die hier genannten Aspekte sind Beispiele, welchen weitreichenden Einfluss das autonome Fahren theoretisch nehmen könnte.

Das autonome Fahren ermöglicht eine infrastrukturelle Vernetzung im Verkehrssystem. Es ist davon auszugehen, dass diese Infrastruktur zunehmend ausgebaut werden würde. Durch die Kommunikation sowohl unter den Autos als auch mithilfe von Verkehrstelematik würden präzisere Verkehrsinformationen wie Ankunftszeitvorhersagen oder auch zeitlich angepasste Anschlüsse zu anderen Verkehrsträgern möglich werden. Das BMVI kündigte dahingehend im September 2015 an, die digitale Infrastruktur, also den Breitbandausbau und die damit verbundene Vernetzung der Autobahnen, bis 2018 schaffen zu wollen (vgl. BMVI 2015, S.14). Um die „Mobilität 4.0" voranzutreiben, sollen in Deutschland Standards für die zukünftigen „intelligenten Straßen" erforscht und auf dem „Digitalen Testfeld Autobahn" erprobt und bewertet werden (vgl. BMVI 2015, S.19).

Digitale Vernetzung des gesamten Verkehrssystems

Auch der öffentliche Verkehr könnte zukünftig vielmehr zu einem Individualverkehr werden. Durch diese „Hybridisierung" sind beispielsweise sich selbständig entwickelnde Busrouten, welche sich der Zeit und dem gewünschten Abhol- und Zielort der Kunden anpassen, denkbar (vgl. Lenz/Fraedrich 2015, S.189).

Ein offensichtlicher gesellschaftlicher Nutzen würde sich aus dem autonomen Fahren durch die Ausdehnung der Mobilität für mobilitätseingeschränkte Personengruppen, wie zum Beispiel Kinder sowie fahruntüchtige Senioren, Kranke und Menschen mit Behinderung ergeben (vgl. Matthaei et al. 2015, S.1140). Auch Personen, die aufgrund von Alkohol-, Drogen- oder Medikamentenkonsum nicht mehr eigenständig fahren können bzw. dürfen, würde das selbständige Reisen ermöglicht werden. Am Ende dieser Gedankenfolge stellt sich zugespitzt die Frage, ob es zukünftig überhaupt noch eine Führerscheinpflicht geben sollte. Diese Reflexion macht abermals deutlich, welche vielschichtigen und gesellschaftlich tiefgründigen Auswirkungen die Einführung des autonomen Fahrens mit sich bringen könnte (vgl. Kapitel 4.2).

Selbst das Konzept des Carsharing könnte in Zeiten autonomer Fahrzeuge erneut überdacht werden. Daher sind auch Fahrdienstanbieter wie Uber bereits heute in der Forschung mit autonomen Systemen involviert. Sobald autonome Autos auf dem Markt implementiert werden würden, wären beispielsweise klassische Taxis mit menschlichem Fahrenden nicht mehr erforderlich (vgl. Lenz/Fraedrich 2015, S.188). Sowohl Einzelpersonen als auch Familien und Freunde hätten die Möglichkeit, ihre Fahrzeuge auf einfachem Wege miteinander zu teilen, indem das Auto bei Bedarf selbstständig zum Wunschort fahren könnte. Auf der anderen Seite könnte auch eine Akzeptanz des autonomen Fahrens mithilfe des Carsharing vorangetrieben werden. Bereits heute wird von einigen Herstellern die Möglichkeit genutzt, potenzielle Kunden mithilfe des Carsharing an neue Fahrzeuge heranzuführen.

So nahm beispielsweise DriveNow, der Carsharing-Anbieter des Herstellers BMW, das Elektroauto BMW i3 kurz nach Markteinführung in die Fahrzeugflotte auf, da es „ein neues Kapitel urbaner Mobilität [öffnet]" und somit „[p]erfekt auf das pulsierende Leben in der Großstadt zugeschnitten ist" (DriveNow 2015).

Aufgrund von Komfort und Zeiteinsparungen während des Reisens (vgl. 3.2) gibt es weiterführende Szenarien, die durch das autonome Fahren eine Veränderung der bestehenden Stadtstrukturen erwarten lassen. Das Valet-Parken (vgl. 2.4.5) könnte beispielsweise die Parkraumsituation massiv verändern, da es neue Möglichkeiten schafft, den nutzbaren urbanen Raum zu vergrößern und durch die Verlagerung des Parkens die Aufenthaltsqualität in den Wohnbereichen zu verbessern. Dieser Aspekt könnte einerseits einen Anstieg der Attraktivität von urbanen Wohnorten durch ruhigere Umgebung bzw. zusätzliche Grünanlagen bedeuten (vgl. Heinrichs 2015, S.230). Andererseits könnten bisherige Standortnachteile des Umlandes durch bequemeres und zuverlässigeres Erreichen ausgeglichen werden und im Endeffekt eine Entzerrung der zentralen innerstädtischen Ballungsräume ermöglichen. Eine zunehmende Suburbanisierung in Folge des autonomen Fahrens ist demnach durchaus denkbar.

Je mehr die Automatisierung des Verkehrssystems voranschreitet, desto wahrscheinlicher werden auch damit einhergehende infrastrukturelle Veränderungen. Bereits heute wird in der Stadtplanung darüber diskutiert, inwiefern autonome Fahrzeuge die Gestaltung von Fahrspuren, Gehwegen, Kreuzungen u.a. beeinflussen könnten und sollten (vgl. Heinrichs 2015, S.237). Eigene Fahrspuren könnten durch die partielle Abtrennung zum Mischverkehr beispielsweise „perfekt" genutzte Straßen ermöglichen. Ein möglicher Gedanke wäre, alle Fahrstreifen autonomer Autos an einer Ampelkreuzung gleichzeitig freizugeben und die Aushandlung der Vorfahrtsrechte den Fahrrobotern zu überlassen, um einen flüssigeren Verkehrsfluss und kürzere Fahrzeiten zu ermöglichen (vgl. Bernhard 2015, S.349). Ein weiterer Ansatz wäre die vermehrte Integration von „Rundum-Grünen" Ampelkreuzungen für zu Fuß Gehende und Radfahrende, die die Sicherheit und den Komfort erhöhen, ohne den motorisierten Verkehrsfluss autonomer Fahrzeuge negativ zu beeinflussen (vgl. Bernhard 2015, S.349).

Zwar ist durch eingangs genannte Umstände davon auszugehen, dass das endgültige Potenzial erst langfristig besser einzuschätzen sein wird, jedoch geben diese Beispiele bereits einen Eindruck, wie vielseitig das autonome Fahren sich auf die zukünftige Mobilität auswirken könnte.

4.
Herausforderungen des Autonomen Fahrens

Ob nun Evolution, Revolution oder Transformation (vgl. 2.4), die Markteinführung einer innovativen Technik ist häufig mit Schwierigkeiten verbunden. Die Herausforderungen im Falle des autonomen Fahrens sind zumeist von einem „komplexen systemischen Typ" (vgl. Grunwald 2015, S.684). Sie wirken wechselseitig mit anderen Themenbereichen, was eine strenge Abgrenzung erschwert.

Im Folgenden werden die evidentesten technischen, gesellschaftlichen und rechtlichen Herausforderungen des autonomen Fahrens aufgezeigt, die es hinsichtlich einer nachhaltigen Markteinführung zu überwinden gilt. Auf diese Weise werden notwendigerweise zu schaffende Rahmenbedingungen aufgezeigt und Rückschlüsse auf den Entwicklungsstand der in Kapitel 3 eingeführten Potenziale ermöglicht.

Am Ende jedes Unterkapitels folgt zum Zwecke einer vergleichbaren Einschätzung eine Bewertung des Schwierigkeitsgrads zur Bewältigung der jeweiligen Herausforderung. Veranschaulicht wird dies unter Zuhilfenahme eines Ampelsystems (vgl. Abb. 9). Rot steht für eine große und nur langfristig überwindbare Hürde. Gelb repräsentiert mittlere und mittelfristig zu überwindende und Grün kleine und kurzfristig überwindbare Hürden für die nachhaltige Entwicklung des autonomen Fahrens.

Abbildung 7: Definition der Bewertungsampel

ROT	große Hürde	langfristig überwindbar	> 10 Jahre
GELB	mittlere Hürde	mittelfristig überwindbar	5 - 10 Jahre
GRÜN	kleine Hürde	kurzfristig überwindbar	< 5 Jahre

Quelle: eigene Darstellung

4.1   Technische Herausforderungen

Ist es technisch derzeit überhaupt möglich ein autonom fahrendes Auto zu bauen? Und: Wie zuverlässig und sicher sind die autonomen Systeme?

Das folgende Kapitel stellt die technischen Probleme des autonomen Fahrens dar. Zu diesen gehören neben der Zuverlässigkeit auch das Verhalten in Dilemma-Situationen sowie der Umgang mit dem Datenschutz und der Datensicherheit. Wie bereits in Kapitel 2 erläutert, kann erst durch eine digitale Vernetzung von Fahrerassistenzsystemen ein autonomer Fahrroboter erschaffen werden. Die technischen Aspekte des autonomen Fahrens bieten viele Möglichkeiten, aber beinhalten auch einige beträchtliche Herausforderungen.

4.1.1   Zuverlässigkeit

Der Mensch besitzt als multisensorisch lernfähiges System die Fähigkeit, verschiedene Informationen aufzunehmen und in einen Gesamtkontext zusammenzufügen, zu interpretieren, sowie sich den somit verändernden Gegebenheiten anzupassen (vgl. Färber 2015, S.129). Beispielsweise ist der menschliche Fahrende in der Lage das Einsetzen der Warnblinkanlage je nach Situation als Warnung vor einer Gefahr oder als einen Ausdruck des Bedankens zu interpretieren. Diese Fähigkeit auf die Technik autonomer Fahrzeuge zu übertragen (vgl. 2.5), spiegelt die Komplexität der benötigten Systeme wider und wirft gleichsam die Frage nach ihrer Zuverlässigkeit auf.

Fahrerassistenzsysteme sind vor allem in den Punkten Sicherheit (vgl. 3.1), Komfort (vgl. 3.2) und Effizienz (vgl. 3.3) aus der Entwicklung nicht mehr wegzudenken. Die dahintersteckende Technik scheint ausgereift genug, um die nächsten Schritte in absehbarer Zeit vorantreiben zu können. Viele Systeme könnten zunächst teilautomatisiert eingeführt und somit auch getestet werden, um zukünftig als hoch- oder sogar vollautomatisiertes System weiterentwickelt zu werden. So kommt es beispielsweise beim teilautomatisierten Stauassistenten (vgl. 2.4.1) besonders in Situationen, in denen das vorausfahrende Fahrzeug einen Spurenwechsel vollzieht, derzeit noch zu Systemkomplikationen. Diese rühren vor allem aus Problemen bei der Fahrstreifenerkennung, sodass hierbei im Speziellen ein Eingreifen des Fahrzeugführenden erforderlich wird (vgl. Lüke et al. 2015, S.1000). Darin besteht allerdings die Gefahr, neue Unfallrisiken bzw.-ursachen zu schaffen. Wähnt der Fahrzeugführende sich durch ein ausgereiftes teilautomatisiertes System in Sicherheit, ist es fraglich, ob er in der Lage wäre, kurzfristig und effektiv in eine Situation eingreifen zu können. Würde sich dieses Szenario als Unfallursache häufen, könnte es die weitere Entwicklung von Fahrerassistenzsystemen signifikant aufhalten oder verlangsamen bzw. dem Vertrauen in die Systeme nachhaltig schaden (vgl. 4.2.1).

Immerhin scheinen sich die Automobilhersteller der Schwierigkeiten bewusst zu sein. Audi will nach eigenen Angaben in Fragen der Sicherheit „keinerlei Risiken eingehen", um eine frühzeitige Markteinführung voranzutreiben (vgl. Hellenthal/Reich 2014).

Sobald die Entwicklung so weit vorangeschritten ist, dass sich die Systeme in der Fahrzeugführungsverantwortung befinden, besteht die Hauptaufgabe darin, durch stetige Zuverlässigkeit das Vertrauen der Nutzer zu gewinnen. Durch das autonome Fahren entsteht eine Abhängigkeit des Fahrenden, die sich mit der Situation in Flugzeugen vergleichen lässt. Während Fahrende in herkömmlichen Autos zumindest das Gefühl der potenziellen, permanenten Einflussnahme genießen, könnte in autonomen Fahrzeugen ein Gefühl der Hilflosigkeit aufkommen. Das hängt damit zusammen, dass das menschliche Gehirn nicht in der Lage ist, das Risiko von unwahrscheinlichen und seltenen Ereignissen rational zu interpretieren (vgl. Wolf 2015, S.121). Im Falle eines Unfalls eines autonomen Fahrzeugs ist dementsprechend mit einer bedeutend schwerwiegenderen sowie medienwirksameren Reaktion im Vergleich zu herkömmlichen Unfällen zu rechnen, welche schlimmstenfalls einen gewaltigen Rufschaden am autonomen Fahren hervorrufen und die endgültige Einführung in den Markt massiv beeinträchtigen könnte. Daher sollten die Automobilhersteller von Anfang an ein Hauptaugenmerk auf die Zuverlässigkeit der Systeme legen.

Die Zuverlässigkeit ist außerdem der entscheidende Faktor für die Sicherheit autonomer Fahrzeuge (vgl. Ersoy 2013, S.686). Treten beispielsweise Fehler während der Fahrt auf, muss das Fahrzeug jederzeit in der Lage sein, diese zu erkennen, zu bewerten und anschließend in den „sicheren Zustand" überzugehen. Die größten Schwierigkeiten für das Erreichen des „sicheren Zustandes" sind jedoch bislang die hohen Relativgeschwindigkeiten, die eine erheblich schnellere Erfassung der Umwelt durch die Systeme erfordern, sowie das Blockieren von Rettungsgassen in Notfallsituationen (vgl. Reschka 2015, S.504).

Testfahrten sowie Studien belegen die medial vielfach propagierte Machbarkeit des autonomen Fahrens, zeigen allerdings auch noch vorhandene technische Schwachstellen aktueller Fahrzeuge auf. Bereits 2012 belegte eine von der BMW Group Forschung und Technik durchgeführte Studie zum hochautomatisierten Fahren auf der Autobahn zwar die Realisierbarkeit, zeigte jedoch gleichzeitig die Grenzen der damaligen Technologien auf. Dabei wurden beispielsweise unvorhergesehene Sondersituationen, wie Baustellen, verlorengegangene Ladung oder Unfälle zu Problemen, da eine situationsspezifische Reaktion notwendig gewesen wäre (vgl. Rauch et al. 2012, S.12). Obwohl die Forschung und Entwicklung autonomer Autos sich derzeit auf die Funktionalitäten von Fahrzeugführungssystemen konzentriert (vgl. Reschka 2015, S.490), bestätigten bisher durchgeführte Studien, dass besonders die Komplexitätszunahme, welche mit dem steigenden Automatisierungsgrad einhergeht, eine große Herausforderung an die Systeme darstellt (vgl. Matthaei et al. 2015, S.1159). Ungeachtet der rechtlichen Lage (vgl. 4.3), kann streng genommen allein die Tatsache, dass bei jeder bisherigen Testfahrt auf öffentlichen Straßen ein Verfügbarkeitsfahrer anwesend war, bereits als ausbleibender Nachweis der technischen Serienreife des Sicherheitskonzepts des autonomen Fahrens ausgelegt werden (vgl. Ohl 2014, S.7).

Um eine gefahrenlose Fahrt gewährleisten zu können, müssten quasi unendlich viele Situationen von den Systemen adäquat interpretiert werden (vgl. Reschka 2015, S.509). Wann eine allumfassende Situationssammlung fertiggestellt ist, die in der Lage ist jegliche potenzielle Gefahrensituation tatsächlich in Betracht zu ziehen, ist derzeit nicht absehbar. Außerdem stellt sich die Frage, anhand welcher Kriterien man einen solch hohen Anspruch an Komplexität aufbauen soll. Nur durch einen selbstständig lernenden Fahrroboter (vgl. 2.5) kann diese schwierige Aufgabe gelöst werden. Für die Umsetzung wird zunächst insbesondere eine zuverlässige Umfeldwahrnehmung der autonomen Autos, die auch die Selbst- und Situationswahrnehmung miteinschließt, benötigt. Wie das Ergebnis der oben genannten BMW Studie zeigt, stellt auch dieses System sich allerdings als noch nicht ausgereift genug heraus, um die Anforderungen sicher umsetzen zu können.

> Die Zuverlässigkeit ist ein entscheidender Faktor um das autonome Fahren erfolgreich einführen zu können. Es ist anzunehmen, dass die steigende Anzahl von technischen Systemen pro Fahrzeug auch einen Anstieg der technischen Mängel nach sich zieht. Zwar würde sich ein Großteil dieser Mängel verhältnismäßig schnell und einfach via Updates beseitigen lassen können, jedoch bergen besonders die Komplexität und die daraus resultierende hohe potenzielle Fehleranzahl viele Unfallrisiken. Um eine hohe Zuverlässigkeit dieser Technologie zu erreichen, sind weitere zeit- und kostenintensive Test- und Entwicklungsphasen unerlässlich. Trotz einer hohen Quantität in das System eingebetteter potenzieller Szenarien würde allerdings immer eine gewisse Anzahl an Gefahrensituationen unbedacht bleiben und könnten erst nach dem Auftreten in der Realität zur Interaktionsdatenbank hinzugefügt werden. Die mit diesem strukturellen Defizit verbundenen Risiken könnten nur reduziert, aber niemals ausgeschlossen werden. Dies erfordert es, hierfür die notwendige gesellschaftliche Akzeptanz aufzubauen.

4.1.2   Dilemma-Situation

Selbst wenn die Zuverlässigkeit der Systeme sehr hoch wäre, würde es trotzdem keine vollständige Sicherheit geben. Durch eine Verkettung unvorhergesehener Ereignisse kann es stets zu Situationen kommen, in welchen ein Personenschaden, auch für autonome Fahrzeuge, unausweichlich ist. Das System müsste hierbei in Sekundenbruchteilen eine Priorisierung der vorhandenen Optionen durchführen, damit es die

Dilemma-Situation kurz vor einem unausweichlichem Unfall

Entscheidung treffen kann, bei der der Schaden minimal ist. Dabei ist zu beachten, dass jede Sekunde bereits wieder eine Veränderung der aktuellen Gefahrenkonstellation bedeutet. Die Reaktionsfähigkeit der technischen Systeme scheint zur Bewältigung dieser Problematik prädestiniert (vgl. 2.1). Um diese Dilemma-Situationen bewältigen zu können, müsste jedoch sowohl eine ethisch (vgl. 4.2.2) als auch eine rechtlich (vgl. 4.3.2) korrekte Verhaltensweise des autonomen Fahrzeugs ermöglicht werden (vgl. Matthaei et al. 2015, S.1157). Daher hängt die Umsetzungsmöglichkeit besonders von außertechnischen Aspekten ab, welche die Komplexität der Anforderungen nochmals steigern.

Hinzu kommt, dass hierbei durchaus ein Verstoß gegen die StVO, beispielsweise durch ein Überfahren einer durchgezogenen Linie, notwendig werden könnte. Hierzu müsste dem Verstoß jedoch von Seite des Fahrroboters situationsadäquat eine passende Durchführungspriorität zugeordnet werden. Auch diese Anpassungsleistung muss von dem System erkannt und als potenzielle Option in Erwägung gezogen werden können. Eine Hilfe zur Lösung des Problems könnte die Kommunikation unter den autonomen Fahrzeugen darstellen, sodass beispielweise ein Ausweichen auf die Gegenfahrbahn eine zusätzliche Option darstellen würde. Außerdem könnte ein gegenseitiges Warnen der im Umkreis befindlichen Fahrzeuge einen Folgeunfall verhindern. Diese Leistungsfähigkeit würde allerdings erst in der Zeit eines Verkehres mit mehrheitlich autonomen Fahrzeugen deutlich zum Tragen kommen (vgl. Reschka 2015, S.508).

Dilemma-Situationen sind technisch komplex, aber scheinen in absehbarer Zeit durch ausgereiftere Systeme umsetzbar zu werden. Die enorme Handlungsgeschwindigkeit der autonomen Systeme könnte es theoretisch sogar in Notfallsituationen ermöglichen, nur einen minimalen Schaden zu verursachen. Je weiter sich das Verhältnis autonomer Fahrzeuge zu herkömmlichen Autos im Straßenverkehr entwickelt, desto größer wird auch das Sicherheitspotenzial werden. Jedoch hängt die präzise Umsetzung der programmierbaren Systeme vor allem von ethischen und rechtlichen Regelungen sowie gesellschaftlichen Bewertungen und Vereinbarungen ab, welche es im Folgenden zu untersuchen gilt.

4.1.3   Datenschutz & Datensicherheit

Autonome Fahrzeuge benötigen für das eigenständige Fahren eine Vielzahl von Daten und müssen stets in der Lage sein, sowohl mit den im Fahrzeug befindlichen Steuereinheiten, als auch mit dem Umfeld zu kommunizieren (vgl. Römmele 2015, S. 30). Zum besseren Verständnis dieses Kapitels müssen zunächst zwei zu schützende Datenarten voneinander unterschieden werden: Zum einen persönliche Daten (Datenschutz), zum anderen Informationen, die für die Fahrzeugsteuerung autonomer Fahrzeuge benötigt werden (Datensicherheit).

Schon heute werden je nach Vernetzungsfähigkeit des Fahrzeugs bzw. externer Fahrzeugelektronik vielfältig persönliche Daten gesammelt und übertragen. Anhand von Navigationsgeräten und Mobiltelefonen können beispielsweise Fahrgewohnheiten ermittelt und Profile des Fahrenden aufgestellt werden (vgl. Rannenberg 2015, S.517). Durch die Kommunikation mit dem Umfeld der autonomen Autos muss mit einem deutlichen Anstieg des Datentransfers gerechnet werden, allerdings müssten per se keine anderen Daten ausgetauscht werden als jene, die von vielen modernen Autos bereits heute übermittelt werden (vgl. Rannenberg 2015, S.536). Der erhöhte Datenverkehr könnte dadurch zwar den Schutz erschweren bzw. einen Datenmissbrauch vereinfachen. Nichtsdestotrotz ist davon auszugehen, dass die technische Herausforderung des Datenschutzes mit der Einführung des autonomen Autos nicht bedeutend größer würde als zuvor. Allerdings ist durch die damit verbundene Transparenz des Fahrenden bzw. des Fahrzeughaltenden und die Intransparenz der Datensammelstellen ein Ungleichgeweicht festzustellen, welches von Nutzerseite aus zu einem erhöhten Misstrauen führen könnte (vgl. Roßnagel 2015, S.353). Dieses gilt es auch rechtlich in der Frage nach den Zulassungsvoraussetzungen mit einzubeziehen (vgl. 4.3.1).

Letztendlich ist es für die Funktionsfähigkeit eines autonomen Fahrsystems nicht von Bedeutung, welche konkrete Person im Fahrzeug sitzt, sondern es geht alleine um fahrrelevante Informationen, die den Insassen sicher an sein gewünschtes Ziel bringen. Allerdings müsste sichergestellt werden, dass diese Kommunikation stets von den involvierten Systemen autorisiert und verschlüsselt ist, um eine Manipulation von Dritten ausschließen können. Allerdings sind in der Vergangenheit bereits vermehrt Systemlücken aufgedeckt worden. So konnte beispielweise im Juli 2015 in den USA ein Jeep während der Fahrt gehackt werden (vgl. Münder 2015). Dass sich der überwiegende Teil dieser Sicherheitslücken durch flächendeckende Softwareupdates beseitigen lassen würde, ist für die Hersteller im Umgang verhältnismäßig einfach und vor allem günstig. Es würde jedoch stets ein Gefahrenpotenzial bestehen bleiben, gegen welches es kontinuierlich vorzugehen gilt.

Der Bundesrat scheint sich dieser Gefahrenlage bewusst zu sein und fordert daher technische Normen zu erarbeiten, um die Datensicherheit gewährleisten zu können (vgl. Bundesrat 2015).

Sowohl der Datenschutz als auch die Datensicherheit müssten bei der Entwicklung berücksichtigt und von den Herstellern als wichtiger Faktor ernst genommen werden. Dies wäre der Fall, wenn die technischen Anforderungen so konfiguriert wären, dass weder private Daten übermittelt noch schwerwiegende Angriffe Dritter auf die Systeme durchgeführt werden könnten. Jedoch kann eine absolute Sicherheit dabei wohl niemals gewährleistet werden.

4.2   Gesellschaftliche Herausforderungen

„Wer nur an die Technik denkt, hat noch nicht erkannt, wie das autonome Fahren unsere Gesellschaft verändern wird. Das Auto wächst über seine Rolle als Transportmittel hinaus und wird endgültig zum mobilen Lebensraum." Dr. Dieter Zetsche - Vorstandsvorsitzender der Daimler AG (Mercedes-Benz 2015b).

Die gesellschaftlichen Anforderungen an das autonome Fahren sind weitreichend und teilweise eng miteinander verflochten. Dies lässt sich darauf zurückführen, dass Mobilität als eine tragende Säule unser Gesellschaft anzusehen ist (vgl. Henkel et al. 2015, S.VII).

Die in diesem Kapitel vorgestellten Hürden befassen sich mit der Akzeptanz, der Ethik sowie der erhöhten Ablenkungsgefahr in der Entwicklung des autonomen Fahrens. Abschließend werden im Gegensatz zu den potenziellen Vorteilen des Mobilitätswandels (vgl. 3.4) die bereits absehbaren etwaigen negativen Auswirkungen beleuchtet.

4.2.1　Akzeptanz

Eine Herausforderung beim Mobilitätswandel stellt die Akzeptanz des autonomen Fahrens dar. Durch den Vergleich von Analysen in ähnlich weitreichenden Entscheidungsfeldern, wie Gentechnik oder Mobilfunk, kommt es wesentlich darauf an, ob eine Innovation einen deutlichen Mehrwert für die Gesellschaft darstellt oder nicht (vgl. Grunwald 2015, S.678). Ist nämlich ein eindeutiger Nutzen ableitbar, so wird ein bestehendes Restrisiko von der Öffentlichkeit eher in Kauf genommen. Fehlt dieser Nutzen, ist mit einer deutlich niedrigeren Akzeptanz zu rechnen. Da Akzeptanz nicht „hergestellt" werden, sondern sich lediglich in einem Prozess entwickeln kann, wird diese vor allem von Zuverlässigkeit der Systeme, der damit verbundenen Sicherheit, sowie der Transparenz der zukünftigen Auseinandersetzung mit dem autonomen Fahren abhängen (vgl. Grunwald 2015, S.680). So muss beispielweise der Nutzen des Sicherheitsgewinns durch das autonome Fahren von der Gesellschaft stärker als der Fahrspaß bei herkömmlichen Automobilen eingeschätzt werden, der sich auch aus der Gefahr und dem damit verbundenen Reiz des Risikos des Fahrens ergibt (vgl. Kröger 2015, S.64). Zwar interagiert ein autonomes Auto mehr mit dem Umfeld als ein herkömmliches, jedoch macht autonomes Fahren auch autonom vom Fahrenden (vgl. Rannenberg 2015, S.516). Damit kann die Aussage des gegenwärtigen BMW-Werbeslogans „Freude am Fahren" (BMW AG 2015b) zu einem weiteren Akzeptanzkriterium werden, da der Funktionsumfang und Stellenwert des Autos sehr individuell ausgeprägt ist. Neben dem Zweck der Ortsveränderung wird das Auto zum Teil auch als Fortbewegungsmittel, bei welchem die Motive der Zeitersparnis oder des Fahrspaßes im Vordergrund stehen (vgl. Arndt 2011, S.63), oder als Statussymbol gesehen (vgl. Preußners 2008, S.112). Daher ist besonders bei autonomen Fahrzeugen bei denen keine Eingriffsmöglichkeit mehr besteht, mit Akzeptanzproblemen und in ihrem Gefolge mit Widerständen zu rechnen. Zumal das herkömmliche Automobil mehrheitlich nach wie vor einer gesellschaftlichen Idealvorstellung entspricht, weshalb die Mobilitätsbedürfnisse des autonomen Fahrens daher derzeit noch nicht tief verwurzelt sind (vgl. Wolf 2015, S.121).

Es lässt sich aus den meisten zum autonomen Fahren durchgeführten Studien eine positive Gesamtwahrnehmung ableiten. Jedoch ergeben die Einzelergebnisse von Studien die ausschließlich zur Beurteilung der Akzeptanz durchgeführt wurden, ein eher heterogenes Meinungsbild.

Eine Bosch-Studie kam beispielsweise zu dem Ergebnis, dass die Akzeptanzwerte mehr auf einer Komfortsteigerung als auf den Sicherheitsgewinn zurückzuführen sind (vgl. Marberger et al. 2015, S.20). Besonders in Situationen, die eine hohe Belastung des Fahrenden darstellen, sehen die Befragten einen hohen Nutzen der autonomen Systeme.

Auf der anderen Seite gab bei einer von Frost & Sullivan durchgeführten Studie zum Thema Sicherheitssysteme ein Großteil der befragten Autofahrenden an, Vorbehalte dagegen zu haben, von einem autonomen System abhängig zu sein (vgl. Fraedrich/Lenz 2015, S.647). Eine von Continental durchgeführte Erhebung bestätigte die Zweifel an der sicheren Funktionsweise der autonomen Technologie (vgl. Continental AG 2013).

Eine Umfrage in den USA zeigte, dass die Aussicht auf eine günstigere Versicherungsprämie durch das autonome Fahren die Akzeptanz des autonomen Fahrens deutlich ansteigen ließ (vgl. Johanning/Mildner

2015, S. 106). Die systemische Vernetzung der autonomen Systeme lässt allerdings auch die Möglichkeit zu, sowohl den Unfallhergang als auch die Unfallursache präzise nachvollziehen zu können. Besonders bei teilautomatisierten Systemen, die vermehrt zur Ablenkung beitragen könnten, kann dabei die etwaige Schuld des Fahrenden sehr eindeutig feststellbar sein. Es ist davon auszugehen, dass diese Form der Überwachung durch den Versicherer nicht zu einer gesellschaftlichen Akzeptanz des autonomen Fahrens beiträgt. Bereits heute bieten Autoversicherer mit der pay-as-you-drive (PAYD) eine günstigere Versicherung an, falls der Fahrzeughalter eine Datenüberwachungsbox in seinem Fahrzeug installiert. Die gesellschaftliche Akzeptanz dieser Versicherungsform ist in Deutschland derzeit jedoch eher als gering einzuschätzen (vgl. R+V Versicherung AG 2014).

Aus den unterschiedlichen Studienergebnissen kann auch auf die Entscheidungsfreiheit der Autofahrenden als ein wichtiger Aspekt der Akzeptanz geschlossen werden (vgl. Continental AG 2013).

In der Entwicklungsphase des autonomen Fahrens ist insbesondere eine herausragende Mensch-Maschine-Schnittstelle, beispielsweise für die Übergabe von Aufgaben vom Fahrroboter zum menschlichen Fahrenden, für die Akzeptanzzunahme von Bedeutung (vgl. Bernhart 2015). Experten sehen außerdem die Zuverlässigkeit der autonomen Systeme als einen der entscheidenden Faktoren für den Markterfolg autonomer Autos an (vgl. Continental AG 2013). Dies lässt sich damit begründen, dass Machtlosigkeit und Angst schwerwiegende akzeptanzhemmende Faktoren darstellen (vgl. Wolf 2015, S.121).

Ein weiterer entscheidender Faktor einer gesellschaftlichen Akzeptanz von Innovationen sind die Kosten (vgl. Rüggeberg 2009, S.12). Zwar sind genaue Zahlen derzeit noch nicht bekannt, jedoch ist insgesamt mit einem Kostenanstieg zu rechnen (vgl. Heinrichs 2015, S.235). Kunden könnten dies durch eine Erhöhung der Anschaffungs- und Unterhaltskosten zu spüren bekommen. Auch Kommunen könnten durch Mehrkosten wegen des Ausbaubedarfs der Infrastruktur belastet werden (vgl. 4.2.4).

Die verschiedenen Ergebnisse unterschiedlicher Studien vermitteln zwar ein unklares Meinungsbild, unterstreichen jedoch gleichzeitig, dass die Akzeptanz eine zentrale Größe für eine nachhaltige Markteinführung ist. Der Mangel an Eindeutigkeit lässt sich zum einen abermals auf die unklare Definition des autonomen Fahrens zurückführen (vgl. 2.3), zum anderen darauf, dass derzeit längst noch nicht alle Faktoren, die für das autonome Fahren von Bedeutung sind, ausreichend empirisch erfasst, dargestellt und erörtert werden konnten (vgl. Fraedrich/ Lenz 2015, S.646). Unklarheiten und Akzeptanzprobleme könnten sich eventuell durch verbindliche und transparente Aufklärung bzw. Regelungen zunehmend ausräumen lassen. Hierfür ist weitere Forschung nötig und öffentlich Diskussion zu führen. Jedoch ist dies voraussichtlich mit einem hohen zeitlichen sowie kostenintensiven Aufwand verbunden.

4.2.2 Ethik

Bevor der Fahrroboter in Situationen kommt, in denen er weitreichende Entscheidungen treffen müsste, sollten eindeutige Regelungen getroffen werden, nach welchen Grundsätzen sich der Computer zu entscheiden hat. Dabei gilt es viele offene Fragen zu beantworten. Zum Beispiel:

Welche Prioritäten hat die Sicherheit von Fahrzeuginsassen im Vergleich zu anderen Verkehrsteilnehmern (vgl. Matthaei et al. 2015, S.1157)?

Anhand welcher Kriterien entscheidet das autonome Fahrzeug in Dilemmata-Situationen (vgl. 4.1.2)?

Eine grundlegende Schwierigkeit ist, dass von dem System ein verantwortungsbewusstes Handeln ausgehen soll und muss. Anders als beim vielfach reflex-, impuls- und intuitivgesteuerten menschlichen Handeln muss beim System jedoch jede konkrete Handlungsfolge durch die Programmierung im Vorhinein erfasst, bewertet, entschieden und festgelegt werden. Das System könnte in Ausnahmesituationen sogar vor der Entscheidung stehen, entweder eine Person A oder eine andere Person B lebensbedrohlich zu verletzen. Während der menschliche Fahrende durch seine reflexartige Reaktion eine gewisse gesellschaftliche Akzeptanz in seiner Handlungsentscheidung genießt, steht das System vor der vermeintlichen bewussten Wahl (vgl. Schöttle 2015, S.79). Die unabdingbare Vorgabe und Programmierung jeder Entscheidung stößt jedoch auf grundsätzliche ethische Bedenken und steht im Konflikt mit der Menschenwürdegarantie des Grundgesetzes (vgl. GGa). Weiterhin ist es fraglich, wer sich überhaupt in der Verantwortung und damit dazu legitimiert sehen würde, die zu implementierenden Entscheidungen zu treffen (vgl. Lin 2015, S.71).

Eine Prognose über die Reichweite der ethischen Herausforderung des autonomen Fahrens ist ambivalent zu betrachten. Einerseits scheinen einmal getroffene, präzise Regelungen eine rasche Überwindung der Hürde möglich werden zu lassen. Andererseits können ethische sowie verfassungsrechtliche Bedenken zu sehr langwierigen Entscheidungsprozessen führen. Besonders Fehler- bzw. Unfallmeldungen könnten immer wieder weitreichende Debatten in der Öffentlichkeit auslösen und eine definitive Regelung der Sachverhalte erschweren.

4.2.3   „Ablenkung"

Nicht zufällig trägt ein Autobahnplakat des Deutschen Verkehrssicherheitsrats der Kampagne „Runter vom Gas" die Aufschrift „Einer ist abgelenkt, vier sterben" (DVR 2014). Einer Untersuchung der Allianz Unfallforschung zufolge sind mindestens zehn Prozent aller Verkehrsunfälle auf Ablenkung zurückzuführen, wobei die Dunkelziffer auf bis zu 25 Prozent geschätzt wird (vgl. Kubitzki 2011, S.19). Besonders das Telefonieren oder Nachrichten schreiben mit dem Handy gilt dabei als eine häufige Ablenkungsquelle. Dies könnte besonders im Falle des Evolutionären Szenarios (vgl. 2.4) zu einer zunehmenden Gefahr heranwachsen, da Fahrzeugführende im teilautomatisierten Fahrzeug verleitet werden könnten, sich anderen Beschäftigungen als dem Fahren zu widmen, obwohl sie sich selbst noch in der Verantwortung über das Fahrzeug befinden. Eine durchgeführte Befragung der Firma Bosch bekräftigte ebenfalls, dass ablenkende Nebentätigkeiten während der Fahrt mit zunehmendem Automatisierungsgrad häufiger ausgeübt werden (vgl. Marberger et al. 2015, S.20). Eine Herausforderung teilautomatisierter Fahrerassistenzsysteme besteht also, neben der technischen Komponente, auch darin, dem Fahrzeugführenden bewusst zu machen, dass dieser sich in der Verantwortung über das Fahrzeug befindet (vgl. ADAC 2014, S.2). So forscht der Autohersteller Jaguar beispielsweise daran, mithilfe einer Messung der Gehirnzellen des Fahrenden Unaufmerksamkeiten zu erkennen, um gegebenenfalls warnend eingreifen zu können (vgl. Jaguar Land Rover 2014). Ob dieser Aspekt des Überwachens durch das Fahrzeug der Akzeptanz des autonomen Fahrens zu Gute kommt, ist in heutigen Zeiten, in denen viele Menschen der Umsetzung des Datenschutzes skeptisch gegenüberstehen (vgl. Bitkom 2015), allerdings mehr als fraglich.

Je ausgereifter die Fahrerassistenzsysteme in den Fahrzeugen sind, desto mehr Fahraufgaben werden diese in Zukunft übernehmen können. Daher wird ein Eingreifen seitens des Fahrenden immer seltener notwendig sein. Dies könnte zur Folge haben, dass die Fahrenden gar nicht mehr in der Übung sind, das Fahrzeug zu steuern. Untersuchungen von erfahrenen Flugzeugpiloten bestätigen, dass ein regelmäßiges Training der automatisierten Fähigkeiten benötigt wird, um die erwünschten Kompetenzen aufrechtzuerhalten (vgl. Wolf 2015, S.120). Das hieraus resultierende Problem besteht darin, dass die Situationen, in denen das System die Fahraufgabe überträgt, zumeist Gefahrensituationen sein werden. Durch die fehlende Fahrpraxis des Fahrenden wäre dieser jedoch eventuell gar nicht mehr in der Lage, der jeweiligen Situation gerecht zu werden. Dieses Dilemma fußt auf den von Bainbridge bereits 1983 beschriebenen „Ironies of Automation" (vgl. Kompaß 2008, S.277).

Auch die deutschen Versicherungsunternehmen sind sich dieses Problems bewusst. In einem Standpunktschreiben des Gesamtverbands der deutschen Versicherungswirtschaft e.V. (GDV) wird explizit die Meinung vertreten, dass keine höhere Automatisierungsstufe das derzeitige hohe Sicherheitsniveau wieder senken dürfe (vgl. GDV 2015).

> Das Thema „Ablenkung" ist eine Gratwanderung zwischen Fluch und Segen und muss als solche sowohl von der Politik als auch von den Automobilherstellern gehandhabt werden, um nicht zur reellen Gefährdung für die Markteinführung des autonomen Autos zu werden. Es müsste eine Balance zwischen dem Potenzial des Akzeptanzzuwachses, der durch die Gewöhnung an autonome Systeme geschaffen werden kann, und der Gefahr der nur scheinbar vorhandenen Zuverlässigkeit der Systeme gefunden werden.

4.2.4   Mobilitätswandel

Bereits mit der Einführung autonomer Systeme würden sich gesellschaftliche Veränderungen in puncto Mobilität auftun, die neue Möglichkeiten bieten, jedoch auch Risiken beinhalten. Zwar ist eher mit einem langfristigen Mobilitätswandel zu rechnen, jedoch sind bereits heute negative Auswirkungen und damit verbundene Herausforderungen des autonomen Fahrens absehbar. Diese sollen im Folgenden anhand von Beispielen dargelegt werden, welche sich zumeist an Aspekten aus dem Kapitel Mobilität (3.4) orientieren.

Die Einführung autonomer Autos bedingt einen Ausbau der Verkehrsinfrastruktur. Dies wird auch vom BMVI gefordert und propagiert. Unklar ist jedoch bis jetzt, wer die Kosten für den Ausbau zu übernehmen hätte. Sollten die Kommunen, welche für rund 640.000 km Straßen in Deutschland verantwortlich sind, dabei einen (Groß-)Teil der Kosten zu übernehmen haben, ist mit deutlichen Widerständen gegen das autonome Fahren zu rechnen (vgl. Habbel 2015).

Beispiel für die effiziente Straßennutzung bei einem „perfekt" geführten Verkehr

Es existieren Überlegungen, die beinhalten, eigens für autonome Autos eingerichtete Fahrspuren vorzusehen. Daraus ergibt sich beispielsweise ein Zielkonflikt. Zum einen könnte der „perfekt" geführte Verkehr vermehrt zur Flächenzerschneidung führen, da die Fahrspuren autonomer Fahrzeuge für zu Fuß Gehende ausschließlich an Ampeln überquerbar werden würden. Die damit verbundene Einschränkung des Verkehrs für zu Fuß Gehende und Radfahrende, könnte besonders in Ballungsräumen zu Widerständen gegenüber dem autonomen Fahren führen. Zum anderen könnte die allgemeine Rücksichtnahme autonomer Fahrzeuge dazu führen, dass die Straße jederzeit sicher überquerbar wäre und somit der Verkehrsfluss autonomer Fahrzeuge durch kurzerhand loslaufende Passanten erheblich gestört werden könnte (vgl. Johanning/ Mildner 2015, S.108).

Letztlich könnte das autonome Fahren unser heutiges Mobilitätsbild gänzlich revolutionieren. Besonders die lohnkostenintensiven klassischen Geschäftsmodelle, die im aktuellen Verkehrssystem bestehen, wie beispielweise Taxis, hätten in einer direkten Marktkonkurrenz mit autonomen Systemen kaum eine existenzielle Chance (vgl. Beiker 2015, S.205). Die zukünftige Mobilität könnte somit zu einer akuten Arbeitsplatzgefahr von Fahrenden der öffentlichen Verkehrsmittel, von LKW- und Taxifahrenden sowie von Fahrlehrenden führen. Es besteht daher die Möglichkeit, dass es durch „vehicle[s] on demand" (2.4.7) langfristig zu einer Ablösung des öffentlichen Straßenverkehrs durch das autonome Fahren kommen könnte.

Durch den mutmaßlich evolutionären Wandel sowie die Möglichkeit der schrittweisen Gewöhnung an die innovative Technologie und ihre Auswirkungen, scheint die Herausforderung des Mobilitätswandels vermeintlich relativ einfach lösbar. Zwar werden langfristig alte Geschäfts- und Arbeitsfelder weichen müssen, jedoch werden dadurch vermutlich auch neue, bisher ungeahnte Möglichkeiten geschaffen werden können.

4.3 Rechtliche Herausforderungen

Ausgehend vom Status quo soll im Folgenden ein Bewusstsein dafür geschaffen werden, welche rechtlichen Schwierigkeiten und Herausforderungen für den Gesetzgeber durch die voranschreitende Entwicklung des autonomen Fahrens entstehen. Die sich aufdrängenden Rechtsfragen umfassen dabei vor allem das Zulassungs- sowie das Haftungsrecht (vgl. Bundesrat 2015).

4.3.1 Zulassung

Kraftfahrzeuge dürfen in Deutschland nach der Fahrzeugzulassungsverordnung (vgl. FZV) nur dann auf öffentlichen Straßen betrieben werden, wenn sie zugelassen sind.

Bei allen Fahrerassistenzsystemen, die bis zu dem Automatisierungsgrad „teilautomatisiert" einzuordnen sind, setzt die Zulassung derzeit voraus, dass die Übernahme der Kontrolle durch den Fahrenden gewährleistet ist. Dazu zählen auch diejenigen Systeme, wie beispielsweise der Stauassistent, die bewusst als teilautomatisiertes System beibehalten werden (vgl. Kapitel 2.4.1). Der Grund dafür liegt darin, dass zurzeit die Kontrollaufgabe aller automatisierten Systeme dem Fahrenden obliegt und dieser jederzeit in der Lage sein muss, die Systeme übersteuern zu können (vgl. Kompaß 2008, S.275). Geregelt wird dies im Wiener Übereinkommen über den Straßenverkehr vom 8.11.1968. Neben technisch detaillierten Anforderungen an Bremsen,

Sichtfeld und notwendigem Auflösungsvermögen von Kameras, ist für das autonome Fahren besonders die Regelung 79 der Economic Comission of Europe (ECE-Regel 79), welche die Genehmigungsfähigkeiten von Fahrzeugen bestimmt, von Bedeutung (vgl. Lutz et al. 2014, S.4). Diese Regelung lässt derzeit ein automatisches Lenken nur bis zu einer Geschwindigkeit von 10 km/h zu (vgl. Brünglinghaus 2015, S.10). Begründet wird diese immense Geschwindigkeitsbeschränkung in der Einleitung der Regel 79 mit Unklarheiten bezüglich der Hauptverantwortung, auf welche im nächsten Kapitel (4.3.2) näher eingegangen wird, sowie mit uneinheitlichen internationalen Datenübertragungsprotokollen (vgl. Lutz et al. 2014, S.5).

Da das deutsche Recht bei der Zulassungsfrage wesentlich durch internationale Regelungen geprägt ist (vgl. Lutz et al. 2014, S.1), hängt die Lösung dieser Unklarheiten von der Gestaltung europäischer Vorschriften und internationaler Abkommen ab (vgl. Brünglinghaus 2015, S. 11).

Diese internationalen Regelungen gilt es daher zunächst so zu verändern, dass sie ein autonomes Fahren zulassen würden. Das BMVI sprach im September 2015 das Ziel aus, dass Deutschland sich dafür einsetzen sollte, beide Regelungen dem autonomen Fahren anzupassen (vgl. BMVI 2015, S.16). Erst auf dieser Grundlage könnten anschließend weitere nationale juristische Anforderungen an das autonome Fahren definiert werden.

Der Gesetzgeber muss schon wegen zu erwartender Unfälle mit autonomen Fahrzeugen die Rahmenbedingungen autonomen Fahrens deshalb regeln, weil er seiner Schutzpflicht aus dem Grundrecht auf Leben und körperliche Unversehrtheit des Grundgesetztes (vgl. GGb) genügen muss. Das Verhältnis zwischen Unfällen durch menschliche Fahrende und autonomen Fahrzeugen, welches bei der juristischen Auseinandersetzung als Automatisierungsrisiko bezeichnet wird, muss dabei in der Gesetzgebung mit einbezogen werden. Es kann davon ausgegangen werden, dass eine von Rechts wegen vertretbare Regelung ab dem Reifegrad der Technologie geschaffen werden wird, bei der das Automatisierungsrisiko höchstens dem Risiko der menschlichen Fahrzeugführung entspricht (vgl. Gasser 2015, S.553). Dies bedeutet, dass die autonomen Systeme mindestens genauso viel zu leisten im Stande sind wie der „ideale" menschliche Fahrende und daher keine zusätzliche Gefahr durch den Einsatz der autonomen Systeme entstehen würde.

Davon ausgehend müssten dann weiterführende Regelungen getroffen werden.

Auch der Datenschutz muss einen geordneten Rechtsrahmen erhalten, um den Umgang mit personenbezogenen Daten klar zu definieren und somit dem weiteren Werdegang des autonomen Fahrens nicht im Wege zu stehen (vgl. 4.1.3). Der §4 des Bundesdatenschutzgesetzes (vgl. BDSG) sieht vor, dass nur durch Gesetze, Rechtsvorschriften oder die Einwilligung der betroffenen Person die Erhebung, Verarbeitung und Nutzung personenbezogener Daten zulässig ist. Durch das vorherrschende Prinzip der Datensparsamkeit sowie das Gebot der Zweckbindung bestehen bereits Regelungen, um nicht mehr Daten sammeln zu dürfen, als für den bestimmten Zweck benötigt werden. Andererseits steht dieses Datenschutzrecht derzeit noch im Widerspruch zu den Massendaten (Big Data), die durch die Verwendung der autonomen Systeme zwangsläufig entstehen (vgl. Brünglinghaus 2015, S.12).

Um die Entwicklung des autonomen Fahrens weiter vorantreiben zu können, ist es außerdem notwendig den Forschungs- und Entwicklungsabteilungen der Konzerne Möglichkeiten zum Testen zu bieten. Fahrzeuge, die bislang nicht zulassungsfähig sind, könnten z.B. durch Sondergenehmigungen zu Testzwecken in definierten Gebieten auf öffentlichen Straßen erprobt werden. Der Bundesrat fordert daher die Bundesregierung auf, den Rechtsrahmen für die Erprobung des autonomen Fahrens anzupassen und weitere Versuchsstrecken freizugeben (vgl. Bundesrat 2015).

Bei einer näheren thematischen Auseinandersetzung ist davon auszugehen, dass Zulassungsfragen durch Gesetzgebung gelöst werden können und allenfalls eine kurzfristige Hürde darstellen. Darum ist es an der Politik, nationale Neuregelungen und Anpassungen zu vollziehen, sobald die internationalen Regelungen angepasst worden sind. Die Forderung des Bundesrats sowie das Beispiel des weltweit ersten hochautomatisierten Trucks auf Autobahnen (vgl. 2.4.2.) zeigen, dass zurzeit durchaus ein Willen von Seiten der Politik vorherrscht, um die Entwicklung des autonomen Fahrens voran zu treiben.

4.3.2   Haftung

Neben der Zulassung sind für die Entwicklung des autonomen Fahrens vor allem Haftungsfragen von besonderer Bedeutung. Neben der gesetzlichen Haftung, auf die im Weiteren näher eingegangen wird, ist auch eine vertragliche Haftung, beispielsweise mit dem Fahrzeughersteller, denkbar. Die vertragliche Haftung würde allerdings vor allem von der individuellen Ausgestaltung der Vertragsbeziehungen abhängen (vgl. Lutz et al. 2014, S.6), weshalb im Rahmen dieses Buches nicht näher darauf eingegangen werden kann. Allerdings müsste bei dem Versuch der Umsetzung mit einem erheblichen Widerstand von Verbraucherschützern gerechnet werden, da die Verträge einen derart undurchsichtigen Umfang an Exklusionen zulassen würden.

Nach der grundlegenden Handlungsvorschrift für Kraftfahrzeuge im §7 des Straßenverkehrsgesetzes (vgl. StVG) ist der Fahrzeughalter verschuldensunabhängig verpflichtet, einen Ersatz aller kausal hierauf zurückzuführender Schäden, mit der Ausnahme von Vermögensschäden, zu leisten (vgl. Gasser 2015, S.567). Anders als sonst im Haftungsrecht üblich, trägt der Halter hier das gesamte Risiko, unabhängig davon, ob er kausal für den Schaden verantwortlich ist oder nicht (vgl. Lutz et al. 2014, S.6). Auch in weiterführenden, für die zivilrechtliche Haftung oder ein deliktisches Verhalten bestehenden Fragen, gelten die anwendbaren Vorschriften derzeit unabhängig davon, ob es sich um einen menschlichen Fahrfehler oder technisches Versagen handelt. Trotzdem liegt in diesen Rechtsnormen derzeit unisono die Annahme eines menschlichen Fahrenden zugrunde. In der bisherigen Gesetzeslage wäre es dementsprechend Aufgabe des Halters, individuelle Versicherungsbedingungen auszuhandeln. Jedoch offenbart (spätestens ab der Stufe der Vollautomatisierung) die Tatsache, dass der Fahrende nicht unbedingt etwas über einen Unfallhergang aussagen kann, einen Handlungsbedarf, die bestehenden Regelungen anzupassen (vgl. Gasser 2015, S.568). Der GDV plädiert ebenfalls dafür, dass der Verkehrsopferschutz, unabhängig der Verschuldensursache und des Automatisierungsgrades des Fahrzeugs, durch die Kfz-Haftpflichtversicherungen zu leisten ist (vgl. GDV 2015).

Eindeutige Regelungen könnten sich vor allem aus der Produkthaftung ergeben. Zunächst geht die Rechtsprechung davon aus, dass der Hersteller unabhängig des Verschuldens für jeden Fehler seines Produkts zu haften hat (vgl. Lutz et al. 2014, S.7). Zu klären ist hierbei die Frage, inwiefern sich eine fehlerhafte maschinelle Steuerungsentscheidung als Produktfehler auffassen lässt (vgl. Gasser 2015, S.554). Entscheidend ist, ob im heutigen Verkehrssystem „Straße", das „unabwendbare Ereignisse" wie Dilemma-Situationen beinhaltet, eine eigenständige Unfallursache auszumachen ist oder diese letztlich immer auf maschinellen Steuerungsentscheidungen fußt.

Im ersten Fall müssten durch ein andersartiges verkehrliches Haftungsverständnis gänzlich neue Regelungen geschaffen werden. Beispielsweise ist es denkbar, dass autonome Maschinen eigene Rechtssubjekte, vergleichbar zu juristischen Personen, werden, welche zivilrechtlich haftbar gemacht werden können (vgl. Boeing 2015). Wäre letzteres der

Fall, so würde nahezu jeglicher Unfall auf das zivilrechtliche Haftungs-risiko des Herstellers zurückzuführen sein. Die hohe Komplexität der autonomen Systeme könnte es für den Halter andererseits mitunter äußerst schwierig machen, den Fehler des Herstellers nachzuweisen. Die Befürchtung, dass der Halter in vielen Fällen den Schaden eigen-ständig zu begleichen hat, ohne ihn hervorgerufen zu haben, ist dabei aus haftungsrechtlicher Sicht als bedenklich einzuschätzen (vgl. Lutz et al. 2014, S.8). Um diesem Aspekt entgegenzuwirken, kündigte das BMVI auch in Haftpflichtfragen Anpassungen an, da die „ordnungsge-mäße Nutzung automatisierter [...] Fahrzeuge" nicht als Verletzung der Sorgfaltspflicht anzusehen ist (vgl. BMVI 2015, S.16).

Darüber hinaus zeigt das Beispiel der Dilemma-Situation (vgl. 4.1.2) abermals auf, dass das autonome Fahren in nahezu allen Bereichen gänzlich neue Denkansätze voraussetzt. Zwar wäre aus derzeitiger ju-ristischer Sicht an der reinen Situation einer „unbeabsichtigten Schutz-gutverletzung" kein grundgesetzlicher Unterschied zu einer gleichen Situation mittels eines menschlichen Fahrenden festzustellen. Sobald allerdings durch das autonome System eine Entscheidung möglich wür-de, welche im Kern als eine durchaus positive Entwicklung angesehen werden könnte, müsste diskutiert werden, inwiefern gesellschaftlich anerkannte Entscheidungskriterien (vgl. 4.2.2) ihre Anwendung finden könnten (vgl. Gasser 2015, S.558).

Am Beispiel der Unfallflucht, häufig auch als Fahrerflucht bezeichnet, wird deutlich, wie weitreichend neue Überarbeitungen der Gesetze notwendig werden würden. Die Rechtsordnung, welche auch Verhal-tensanforderungen an den Fahrenden beinhaltet, geht derzeit eindeu-tig von einem menschlichen Fahrenden aus. Verursacht ein unbesetztes autonomes Fahrzeug einen Unfall, so ist dieser jedoch zu keiner Zeit am Unfallort und kann sich dementsprechend auch nicht von diesem entfernen (vgl. Lutz et al. 2014, S.6). Eine rechtliche Anpassung ist un-ter relativ geringem Aufwand sicherlich möglich. Das Hauptaugenmerk dieses Beispiels ist vor allem auf die große Anzahl an anzupassenden Rechtsordnungen zu legen.

Entgegen medialer Polarisierung ist die Rechtslage anderer Länder bisher kaum präziser auf das autonome Fahren zugeschnitten als die deutsche. Die USA beispielsweise lassen besonders in Kalifornien viele Testfahrten zu und werden darum oft als Motor des autonomen Fahrens proklamiert (vgl. Stern 2015). Dabei ist der Handlungsspielraum autonomer Autos während dieser Probefahrten sehr stark reglementiert (vgl. Schreurs/Steuwer 2015, S.162). Wie in anderen Ländern, beispielsweise Japan, UK oder Schweden, wollen sich auch in den USA weder die Regierung noch die Automobilhersteller dem erhöhten Risiko durch etwaige Unfälle der noch nicht vollständig ausgereiften Technologie stellen (vgl. Schreurs/Steuwer 2015, S.164).

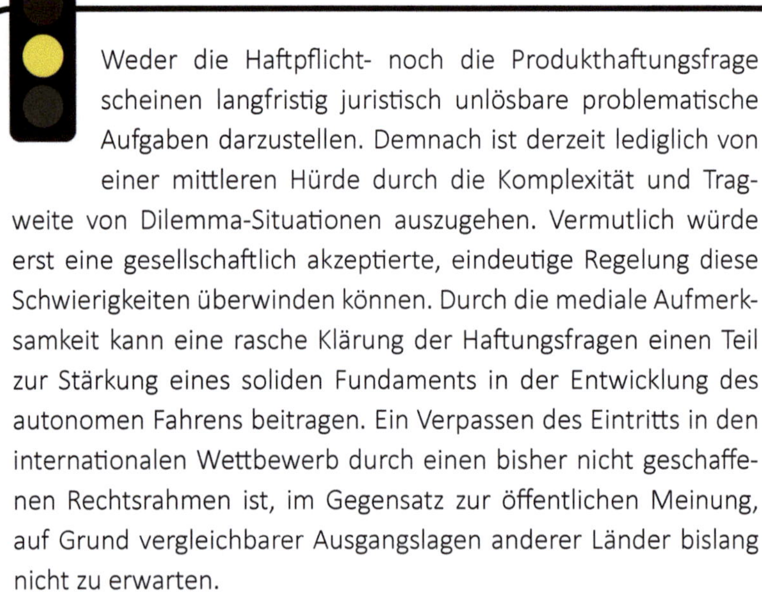

Weder die Haftpflicht- noch die Produkthaftungsfrage scheinen langfristig juristisch unlösbare problematische Aufgaben darzustellen. Demnach ist derzeit lediglich von einer mittleren Hürde durch die Komplexität und Tragweite von Dilemma-Situationen auszugehen. Vermutlich würde erst eine gesellschaftlich akzeptierte, eindeutige Regelung diese Schwierigkeiten überwinden können. Durch die mediale Aufmerksamkeit kann eine rasche Klärung der Haftungsfragen einen Teil zur Stärkung eines soliden Fundaments in der Entwicklung des autonomen Fahrens beitragen. Ein Verpassen des Eintritts in den internationalen Wettbewerb durch einen bisher nicht geschaffenen Rechtsrahmen ist, im Gegensatz zur öffentlichen Meinung, auf Grund vergleichbarer Ausgangslagen anderer Länder bislang nicht zu erwarten.

5.
Fazit

Wie das Kapitel „Potenziale des autonomen Fahrens" aufzeigt, birgt das autonome Fahren die Potenzialität, die zukünftige Mobilität nachhaltig zu prägen. Damit verbundene Erwartungen spiegeln jedoch gleichzeitig die hohen Anforderungen an die beteiligten Akteure, allen voran die Hersteller und IT-Firmen sowie die Politik, wider. Diese Anforderungen in absehbarer Zeit erfüllen zu können erscheint jedoch durch diverse ungelöste Entwicklungsfragen (vgl. Kapitel 4) zum jetzigen Zeitpunkt nahezu unmöglich. Dies wird durch die folgende Bewertungsübersicht (Abb. 10) bestätigt.

Abbildung 8: Bewertungsübersicht der Herausforderungen einer nachhaltigen Markteinführung

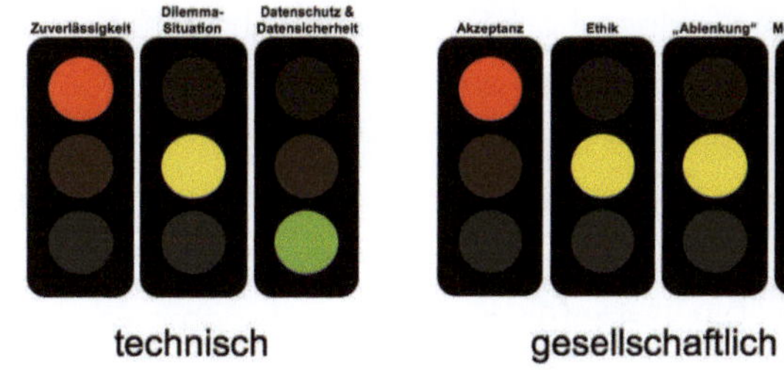

Quelle: eigene Darstellung

5.Fazit

Gegensätzliche Meinungen zum Entwicklungstand der Technik des autonomen Fahrens zwischen einigen Herstellern und Medien einerseits und Untersuchungsergebnissen andererseits deuten darauf hin, dass unterschiedliche Ansichten in Bezug auf die Marktreife vorherrschen. Die rote Bewertungsampel der Zuverlässigkeit (4.1.1) hebt eindeutig die bestehende Anfälligkeit durch Fehler, welche nicht kurzfristig zu beheben sind, hervor. Die autonomen Systeme sind demnach noch nicht auf dem zwingend notwendigen Niveau der menschlichen Fähigkeiten angelangt, wodurch nicht nur individuelle Sicherheitsrisiken, sondern auch die Gefahr eines Imageschadens für die gesamte Automobilbranche besteht. Für einen endgültigen Innovationsdurchbruch wäre mindestens dieses Niveau, wenn nicht sogar die Fähigkeit zu übermenschlichem Handlungsvermögen, verbunden mit einem minimierten Fehlerpotenzial unabdingbar.

Zum aktuellen offensichtlich unausgereiften Stand der Technik kommt hinzu, dass keine neuartige und derart komplexe Technologie bisher jemals als wirklich zuverlässig eingeschätzt worden ist (vgl. Lin 2015, S.80). Daher müsste von Seiten der Akteure vor der Markteinführung eine Strategie entwickelt werden, wie mit den sicherlich auftretenden Technikproblemen konkret umgegangen werden soll. Vor allem da durch einen Unfall eines autonomen Autos eine potenzierte öffentliche Wirksamkeit zu erwarten ist.

Im sowohl von den Medien als auch von vielen Experten prognostizierten „Evolutionären Szenario" bilden hochentwickelte Fahrerassistenzsysteme die Brücke zur Entwicklung des autonomen Fahrens. Jedoch wird in diesem Zusammenhang die in Kapitel 4.2.3 dargestellte Problematik der zunehmenden Ablenkung, die darin besteht, dass sich das System auf den Fahrenden und der Fahrende auf das System verlassen, öffentlich kaum diskutiert. Das Heranführen an das autonome Fahren durch zunehmend mehr Aufgaben übernehmende Fahrerassistenzsysteme sollte dabei so geschehen, dass die einzelnen Schritte den Fahrenden weder über- noch unterfordern. Nur über eine eindeutige Aufgabenabgrenzung zwischen menschlichen Fahrenden und Fahrrobotern, kann ein Vertrauenszuwachs an die Systeme und ein Abbau von Vorurteilen erreicht werden. Dies setzt allerdings eine längerfristig angelegte Zeitspanne zur Gewöhnung an das neuartige Fahren voraus.

Die Akzeptanzhaltung gehört zu jenen Herausforderungen, welche ausschließlich gemeinschaftlich überwunden werden können. Außerdem schafft die Gesellschaft durch sie eine zusätzliche Kontrollinstanz für eine erfolgreiche Implementation autonomer Systeme, was die Wichtigkeit der Akzeptanz unterstreicht. Das Hauptargument vieler Quellen besteht darin, dass das enorme Sicherheitspotenzial hierbei durchaus eine entscheidende Rolle beim Umdenkungsprozess einnehmen könnte. Allerdings wird dieses Argument dadurch abgeschwächt, dass die Verkehrssicherheit derzeit nicht zu den gesellschaftspolitisch viel diskutierten Themen zählt (vgl. Gasser 2015, S.547).

Durch Mobilitäts-, Sicherheits- und Komfortaspekte stehen einige Menschen, beispielsweise derzeit fahruntüchtige Personen, dem autonomen Fahren aufgeschlossener gegenüber als andere, bei denen zum Beispiel der Fahrspaß im Vordergrund steht (vgl. 4.2.1). Daher ist davon auszugehen, dass nur durch eine Mischung zwischen den Vorteilen der autonomen und denen der herkömmlichen Automobile eine sowohl mehrheitliche als auch beständige Akzeptanz möglich wird.

Dilemma-Situationen hingegen stellen technisch, gesellschaftlich und rechtlich eine Herausforderung dar, die bislang verhältnismäßig wenig thematisiert wird. Dabei kann von dem vermeintlich divergenten moralischen Meinungsbild der Gesellschaft durchaus eine Barriere für die Entwicklung des autonomen Fahrens ausgehen. In diesem Punkt ist vor allem die Politik gefordert, noch vor der Markteinführung klare Regelungen und Gesetze zu verabschieden, um sowohl der Gesellschaft als auch den Herstellern in der Folge langwierige Prozesse zu ersparen und eine solide Grundlage für eine erfolgreiche Umsetzung zu schaffen.

Das autonome Auto befindet sich noch in der Entwicklungsphase
auf dem Weg zur Marktreife

Indessen werden die juristischen Schwierigkeiten medial oftmals als besonders ausschlaggebender Punkt hervorgehoben (vgl. Becker 2015). Wie die Recherche zeigt, erweisen sich jedoch sowohl Zulassungs- als auch Haftungsfragen nicht als unbezwingbare Hürde. Vielmehr ist ein konkretes Vorgehen von Seiten der Politik vorauszusehen, um vorhandene Unklarheiten in diesen Fragen in absehbarer Zeit beseitigen zu können.

Die sich aus den dargestellten Kontroversen herauskristallisierenden Kernpunkte sind die Zuverlässigkeit, die Sicherheit sowie die Akzeptanz. Diese bedingen einander gegenseitig und können als Kartenhaus der nachhaltigen Markteinführung verstanden werden (vgl. Abb. 11). Dabei stellt die Zuverlässigkeit das Fundament für die Sicherheit und diese wiederum das für die Akzeptanz dar. Denn einzig durch eine maximale technische Zuverlässigkeit, kann ein Höchstmaß sowohl an verkehrlicher Sicherheit als auch an Datensicherheit gewährleistet werden. Nur durch diesen eindeutigen Nutzen- und Vertrauenszuwachs gegenüber herkömmlichen Automobilen und den diskreten Umgang mit persönlichen Daten kann sich die Akzeptanz über die Schwelle der „kritischen Masse" bewegen und so die Grundlage für eine erfolgreiche zukünftige Entwicklung des autonomen Fahrens geschaffen werden. Wie dieses Buch offenbart, gilt es bis dahin allerdings noch etliche Hürden zu überwinden.

Abbildung 9: Kartenhaus der Kernpunkte einer nachhaltigen Markteinführung

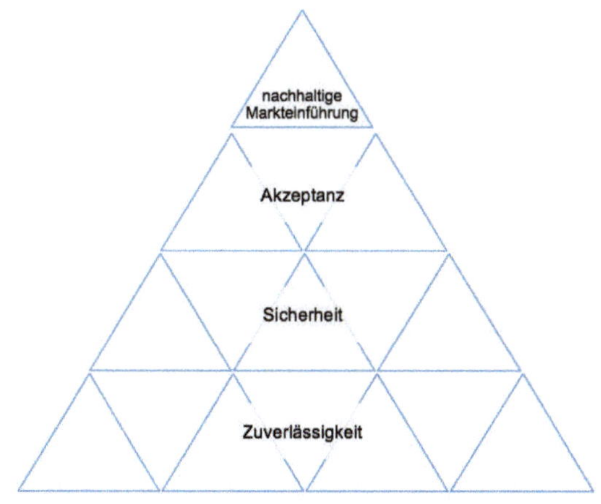

Quelle: eigene Darstellung

Diese teilweise eklatante Diskrepanz zwischen der hohen Erwartungshaltung bezüglich den endgültigen Leistungsanforderungen und dem tatsächlichen aktuellen Entwicklungsstand zeigt, dass eine kurzfristige Markteinführung autonomer Fahrzeuge im Sinne einer nachhaltigen

5.Fazit

Etablierung nicht sinnvoll erscheint. Besonders durch die akute mediale Brisanz werden Erwartungen geweckt, welche die Hersteller zu unausgereiften Entscheidungen zwingen könnten.

Die Potenziale und auch der zu erwartende Technikfortschritt zeigen allerdings eindeutig auf, warum das autonome Fahren langfristig durchaus zu einer erfolgreichen Innovation werden kann. Eine sukzessive Überwindung der Herausforderungen sowie eine behutsame Markteinführung und rücksichtsvolle Marktetablierung können dann den Weg in ein neues Mobilitätszeitalter ebnen.

Literaturverzeichnis

Abendroth/Bruder 2015

ABENDROTH, BETTINA ; BRUDER, RALPH: Die Leistungsfähigkeit des Menschen für die Fahrzeugführung. In: WINNER, H. ; HAKULI, S. ; LOTZ, F. ; SINGER, C. (Hrsg.): *Handbuch Fahrerassistenzsysteme: Grundlagen, Komponenten und Systeme für aktive Sicherheit und Komfort, ATZ / MTZ-Fachbuch*. 3., überarb. und erg. Aufl. Aufl. Wiesbaden : Springer Vieweg, 2015 — ISBN 978-3-658-05733-6, S. 4–15

ADAC 2014

ADAC E.V. (Hrsg.): *ADAC Fachinformation: Autonome Fahrzeuge – automatisiertes Fahren*. München, 2014

Arndt 2011

ARNDT, STEPHANIE: *Evaluierung der Akzeptanz von Fahrerassistenzsytemen: Modell zum Kaufverhalten von Endkunden, VS Research Verkehrspsychologie*: Springer, 2011 — ISBN 978-3-531-18066-3

Bartels et al. 2015

BARTELS, ARNE ; ROHLFS, MICHAEL ; HAMEL, SEBASTIAN ; SAUST, FALKO ; KLAUSKE, LARS K.: Querführungsassistenz. In: WINNER, H. ; HAKULI, S. ; LOTZ, F. ; SINGER, C. (Hrsg.): *Handbuch Fahrerassistenzsysteme: Grundlagen, Komponenten und Systeme für aktive Sicherheit und Komfort, ATZ / MTZ-Fachbuch*. 3., überarb.

und erg. Aufl. Aufl. Wiesbaden : Springer Vieweg, 2015 — ISBN 978-3-658-05733-6, S. 937–957

BDSG

BDSG (idF der Änderung durch Art. 1 v. 25.01.2015) §4 Abs. 1 ff.

Becker 2015

BECKER, HELMUT: *Technisch möglich, rechtlich unklar: Autonomes Fahren als finales Abenteuer?* URL http://www.n-tv.de/wirtschaft/Autonomes-Fahren-als-finales-Abenteuer-article15092671.html.- abgerufen am 30.10.2015. — n-tv.de

Beiker 2015

BEIKER, SVEN A.: Einführungsszenarien für höhergradig automatisierte Straßenfahrzeuge. In: MAURER, M. ; GERDES, J. C. ; LENZ, B. ; WINNER, H. (Hrsg.): *Autonomes Fahren: Technische, rechtliche undgesellschaftliche Aspekte*. Berlin : Springer Vieweg, 2015 — ISBN 978-3-662-45853-2, S. 198–217

Benz 2012

BENZ, CARL: *Lebensfahrt eines deutschen Erfinders: Erinnerungen eines Achtzigjährigen*. Hamburg : Severus-Verl, 2012 — ISBN 978-3-86347-336-5

Bernhard 2015

BERNHARD, FRIEDRICH: Verkehrliche Wirkung autonomer Fahrzeuge. In: MAURER, M. ; GERDES, J. C. ; LENZ, B. ; WINNER, H. (Hrsg.): *Autonomes Fahren: Technische, rechtliche undgesellschaftliche Aspekte*. Berlin : Springer Vieweg, 2015 — ISBN 978-3-662-45853-2, S. 332–350

Bernhart 2015

BERNHART, WOLFGANG: Automatisiertes Fahren – Evolution statt Revolution. In: *Automobiltechnische Zeitschrift* (2015), Nr. 04 /15

Bitkom 2015

BITKOM E.V.: *Nutzer halten Daten im Internet für unsicher*. URL https://www.bitkom.org/Presse/Presseinformation/Nutzer-halten-Daten-im-Internet-fuer-unsicher.html.- abgerufen am 25.10.2015. — bitkom.org

Blechner 2015

BLECHNER, NOTKER: *Die nächste Auto-Revolution | Branchen | Anlagestrategie | Börse Aktuell*. URL http://boerse.ard.de/anlagestrategie/branchen/die-naechste-autorevolution100.html.- abgerufen am 12.10.2015. — boerse.ARD.de

BMW AG 2015a

BMW AG (Hrsg.): *BMW Lexikon : Stauassistent*. URL http://www.bmw.de/de/footer/publications-links/technology-guide/stauassistent.html.- abgerufen am 23.10.2015. — bmw.de

BMW AG 2015b

BMW AG (Hrsg.): *BMW - Freude am Fahren*. URL http://www.bmw.de/de/publicPools/loginPool/loginbox.html.- abgerufen am 29.09.2015. — bmw.de

Boeing 2015

BOEING, NILS: Der Richter und sein Lenker. In: *Zeit Wissen* (2015), Nr. 10 /15

Bosch 2015

ROBERT BOSCH GMBH: *Diese Innovationen präsentiert Bosch auf der IAA 2015*. URL http://www.bosch-presse.de/presseforum/details.htm?txtID=7340. - abgerufen am 12.10.2015. — Bosch Media Service

Brünglinghaus 2015

BRÜNGLINGHAUS, CHRISTIANE: Wie das Recht automatisiertes Fahren hemmt. In: *Automobiltechnische Zeitschrift* (2015), Nr. 04 /15

BASt

BUNDESANSTALT FÜR STRASSENWESEN: *Rechtsfolgen zunehmender Fahrzeugautomatisierung*. Bergisch Gladbach, 2012. URL http://www.bast.de/DE/Publikationen/Foko/2013-2012/2012-11.html.- abgerufen am 13.10.2015- bast.de

BMVI 2014

BUNDESMINISTERIUM FÜR VERKEHR UND DIGITALE INFRASTRUKTUR: Verkehrsverflechtungsprognose 2030 (2014)

BMVI 2015

BUNDESMINISTERIUM FÜR VERKEHR UND DIGITALE INFRASTRUKTUR: Strategie automatisiertes und vernetztes Fahren (2015)

Bundesrat 2015

BUNDESRAT: Entschließung des Bundesrates „Rahmenbedingungen für die Automobilität der Zukunft schaffen" (2015)

Continental AG 2013

CONTINENTAL AG: Continental Mobilitätsstudie 2013 (2013)

Daimler AG 2015

DAIMLER AG: *Dr. Dieter Zetsche vor der Hauptversammlung: „Wir gehen neue Wege zu neuer Stärke."* URL http://media.daimler.com/dcmedia/0-921-656186-49-1802620-1-0-1-0-0-0-0-0-0-1-0-0-0-0-0.html. - abgerufen am 30.10.2015. — media.daimler.com

DVR 2014

DEUTSCHER VERKEHRSSICHERHEITSRAT: *„Runter vom Gas" präsentiert neue Autobahnplakate*. URL http://www.dvr.de/presse/plakate/3737.htm.- abgerufen am 17.09.2015. — DVR- Deutscher Verkehrssicherheitsrat

DriveNow 2015

DRIVENOW: *DriveNow - BMW i3*. URL https://de.drive-now.com/#!/deineautos/bmw-i3.- abgerufen am 24.10.2015. — drive-now.com

Ersoy 2013

ERSOY, METIN: Autonomes Fahren in der Zukunft? In: HEISSING, B. ; ERSOY, M. ; GIES, S. (Hrsg.): *Fahrwerkhandbuch: Grundlagen, Fahrdynamik, Komponenten, Systeme, Mechatronik, Perspektiven, ATZ / MTZ-Fachbuch*. 4., überarb. und erg. Aufl. Aufl. Wiesbaden : Springer Vieweg, 2013 — ISBN 978-3-658-01991-4, S. 682–687

Färber 2007

FÄRBER, BERTHOLD: Unfallfrei durch Fahrer-Assistenz-Systeme? München: Institut für Arbeitswissenschaft – UniBw München (2007)

Färber 2015

FÄRBER, BERTHOLD: Kommunikationsprobleme zwischen autonomen Fahrzeugen und menschlichen Fahrern. In: MAURER, M. ; GERDES, J. C. ; LENZ, B. ; WINNER, H. (Hrsg.): *Autonomes Fahren: Technische, rechtliche undgesellschaftliche Aspekte*. Berlin : Springer Vieweg, 2015 — ISBN 978-3-662-45853-2, S. 128–246

Forster 2015

FORSTER, FRANK: Heterogene Prozessoren für Fahrerassistenzsysteme. In: SIEBENPFEIFFER, W. (Hrsg.): *Fahrerassistenzsysteme und effiziente Antriebe, ATZ/MTZ-Fachbuch*. Wiesbaden : Springer Vieweg, 2015 — ISBN 978-3-658-08160-7, S. 55–61

Fraedrich 2014

FRAEDRICH, EVA ; LENZ, BARBARA: Autonomes Fahren – Mobilität und Auto in der Welt von morgen. In: *Technikfolgenabschätzung – Theorie und Praxis* Bd. 1 (2014)

Fraedrich/Lenz 2015

FRAEDRICH, EVA ; LENZ, BARBARA: Gesellschaftliche und individuelle Akzeptanz des autonomen Fahrens. In: MAURER, M. ; GERDES, J. C. ; LENZ, B. ; WINNER, H. (Hrsg.): *Autonomes Fahren: Technische, rechtliche undgesellschaftliche Aspekte*. Berlin : Springer Vieweg, 2015 — ISBN 978-3-662-45853-2, S. 640–660

Fromm 2015

FROMM, THOMAS: *Google-Manager: Wir wollen kein Autohersteller werden.* URL http://www.sueddeutsche.de/wirtschaft/iaa-google-hat-nicht-vor-ein-autohersteller-zu-werden-1.2649955. - abgerufen am 28.11.2015 — sueddeutsche.de

FZV

FZV (idF der Änderung durch Art. 1 G v. 15.09.2015) § 3 Abs. 1

Gasser et al. 2012

GASSER, TOM M. ; ARZT, CLEMENS ; AYOUBI, MIHIAR ; BARTELS, ARNE: Rechtsfolgen zunehmender Fahrzeugautomatisierung. In: *Bundesanstalt für Straßenwesen* Bd. Forschung kompakt (2012), Nr. 11/12

Gasser 2015

GASSER, TOM M.: Grundlegende und spezielle Rechtsfragen für autonome Fahrzeuge. In: MAURER, M. ; GERDES, J. C. ; LENZ, B. ; WINNER, H. (Hrsg.): *Autonomes Fahren: Technische, rechtliche undgesellschaftliche Aspekte*. Berlin : Springer Vieweg, 2015 — ISBN 978-3-662-45853-2, S. 544–574

Gasser et al. 2015

GASSER, TOM M. ; SEECK, ANDRE ; SMITH, BRYANT W.: Rahmenbedingungen für die Fahrerassistenzentwicklung. In: WINNER, H. ; HAKULI, S. ; LOTZ, F. ; SINGER, C. (Hrsg.): *Handbuch Fahrerassistenzsysteme: Grundlagen, Komponenten und Systeme für aktive Sicherheit und Komfort, ATZ / MTZ-Fachbuch*. 3., überarb. und erg. Aufl. Aufl. Wiesbaden : Springer Vieweg, 2015 — ISBN 978-3-658-05733-6, S. 28–54

GDV 2015

GDV: Standpunkte der Versicherungswirtschaft, Gesamtverband der Deutschen Versicherungswirtschaft e. V. (2015)

GGa

GG (idF der Änderung durch Art. 1 G v. 23.12.2014) Art. 1 ; vgl. auch BVerfGE 115, S. 118 ff., „Abschussermächtigung im Luftsicherheitsgesetz"

GGb

GG (idF der Änderung durch Art. 1 G v. 23.12.2014) Art. 2 Abs. 2

Google 2015

GOOGLE.COM: *Google Self-Driving Car Project*. URL http://www.google.com/selfdrivingcar.- abgerufen am 29.09.2015. — Google Self-Driving Car Project

Grunwald 2015

GRUNWALD, ARMIN: Gesellschaftliche Risikokonstellation für autonomes Fahren – Analyse, Einordnung und Bewertung. In: MAURER, M. ; GERDES, J. C. ; LENZ, B. ; WINNER, H. (Hrsg.): *Autonomes Fahren: Technische, rechtliche undgesellschaftliche Aspekte*. Berlin : Springer Vieweg, 2015 — ISBN 978-3-662-45853-2, S. 662–685

Habbel 2015

HABBEL, FRANZ-REINHARD: *Autonomes Fahren: „Harry holt den Wagen"*. URL https://kommunal.de/artikel/autonomes-fahren-harry-holt-den-wagen/. - abgerufen am 28.09.2015.

Hägler 2015

HÄGLER, MAX: *Daimler - Hochautomatisierter Lkw im Testbetrieb*. URL http://www.sueddeutsche.de/auto/hochautomatisierter-lkw-im-testbetrieb-der-macht-das-ganz-fein-1.2675554.- abgerufen am 05.10.2015. — sueddeutsche.de

Heinrichs 2015

HEINRICHS, DIRK: Autonomes Fahren und Stadtstruktur. In: MAURER, M. ; GERDES, J. C. ; LENZ, B. ; WINNER, H. (Hrsg.): *Autonomes Fahren: Technische, rechtliche undgesellschaftliche Aspekte*. Berlin : Springer Vieweg, 2015 — ISBN 978-3-662-45853-2, S. 220–239

Hellenthal/Reich 2014

HELLENTHAL, BERTHOLD ; REICH, ANDREAS: „WIR MÜSSEN PILOTIERTES FAH-
REN SCHRITT FÜR SCHRITT EINFÜHREN". In: *Automobiltechnische Zeitschrift*
(2014), Nr. 06 / 14

Henkel et al. 2015

HENKEL, S. ; TOMCZAK, T. ; HENKEL, S. ; HAUNER, C. (Hrsg.): *Mobilität aus Kunden-
sicht: wie Kunden ihren Mobilitätsbedarf decken und über das Mobilitätsan-
gebot denken*. Wiesbaden : Springer Gabler, 2015 — ISBN 978-3-658-08074-7

Heudorfer/Meißner 2008

HEUDORFER, BENEDIKT ; MEISSNER, DIRK: Aktiver Eingriff in passive Systeme: Von
passiver Sicherheit zu sicherem Fahren. In: SCHINDLER, V. ; SIEVERS, I. (Hrsg.):
Forschung für das Auto von morgen: aus Tradition entsteht Zukunft. Berlin ;
New York : Springer, 2008 — ISBN 978-3-540-74150-3, S. 215–238

Jaguar Land Rover 2014

JAGUAR LAND ROVER: *Jaguar Land Rover Road Safety Research Includes Brain
Wave Monitoring To Improve Driver Concentration And Reduce Accidents*.
URL   http://newsroom.jaguarlandrover.com/en-in/jaguar/news/2015/06/
jlr_road_safety_ressearch_brain_wave_monitoring_170615/. - abgerufen am
15.09.2015. — Jaguar

Johanning/Mildner 2015

JOHANNING, VOLKER ; MILDNER, ROMAN: *Car IT kompakt: Das Auto der Zukunft
– Vernetzt und autonom fahren*. 1. Aufl. Wiesbaden : Springer Fachmedien
Wiesbaden GmbH, 2015 — ISBN 978-3-658-09967-1

Jourdan/Matschi 2015

JOURDAN, FRANK ; MATSCHI, HELMUT: Automatisiertes Fahren - Wie weit kann
die Technik den Fahrer ersetzen? Entwickler oder Gesetzgeber, wer gibt die
Richtung vor? In: *Neue Zeitschrift für Verkehrsrecht – NZV*. München : C.H.
Beck, 2015, S. 26-29

Katzwinkel et al. 2015

KATZWINKEL, REINER ; BROSIG, STEFAN ; SCHROVEN, FRANK ; AUER, RICHARD ; ROHLFS, MICHAEL ; ECKERT, GERALD ; WUTTKE, ULRICH ; SCHWITTERS, FRANK: Einparkassistenz. In: WINNER, H. ; HAKULI, S. ; LOTZ, F. ; SINGER, C. (Hrsg.): *Handbuch Fahrerassistenzsysteme: Grundlagen, Komponenten und Systeme für aktive Sicherheit und Komfort, ATZ / MTZ-Fachbuch*. 3., überarb. und erg. Aufl. Aufl. Wiesbaden : Springer Vieweg, 2015 — ISBN 978-3-658-05733-6, S. 841–850

Kleine-Besten et al. 2015

KLEINE-BESTEN, THOMAS ; KERSKEN, ULRICH ; PÖCHMÜLLER, WERNER ; SCHEPERS, HEINER ; MLASKO, TORSTEN ; BEHRENS, RALPH ; ENGELSBERG, ANDREAS: Navigation und Verkehrstelematik. In: WINNER, H. ; HAKULI, S. ; LOTZ, F. ; SINGER, C. (Hrsg.): *Handbuch Fahrerassistenzsysteme: Grundlagen, Komponenten und Systeme für aktive Sicherheit und Komfort, ATZ / MTZ-Fachbuch*. 3., überarb. und erg. Aufl. Aufl. Wiesbaden : Springer Vieweg, 2015 — ISBN 978-3-658-05733-6, S. 1048–1079

Kompaß 2008

KOMPASS, KLAUS: Fahrerassistenzsysteme der Zukunft - auf dem Weg zum autonomen Pkw? In: SCHINDLER, V. ; SIEVERS, I. (Hrsg.): *Forschung für das Auto von morgen: aus Tradition entsteht Zukunft*. Berlin ; New York : Springer, 2008 — ISBN 978-3-540-74150-3, S. 261–285

Kröger 2015

KRÖGER, FABIAN: Das automatisierte Fahren im gesellschaftsgeschichtlichen und kultur- wissenschaftlichen Kontext. In: MAURER, M. ; GERDES, J. C. ; LENZ, B. ; WINNER, H. (Hrsg.): *Autonomes Fahren: Technische, rechtliche undgesellschaftliche Aspekte*. Berlin : Springer Vieweg, 2015 — ISBN 978-3-662-45853-2, S. 42–67

Kubitzki 2011

KUBITZKI, JÖRG: Ablenkung im Straßenverkehr - Die unterschätzte Gefahr, Allianz Deutschland AG (2011)

Kühn/Hannawald 2015

KÜHN, MATTHIAS ; HANNAWALD, LARS: Verkehrssicherheit und Potenziale von Fahrerassistenzsystemen. In: WINNER, H. ; HAKULI, S. ; LOTZ, F. ; SINGER, C. (Hrsg.): *Handbuch Fahrerassistenzsysteme: Grundlagen, Komponenten und Systeme für aktive Sicherheit und Komfort, ATZ / MTZ-Fachbuch*. 3., überarb. und erg. Aufl. Aufl. Wiesbaden : Springer Vieweg, 2015 — ISBN 978-3-658-05733-6, S. 56–70

Langer et al. 2015

LANGER, INGMAR ; ABENDROTH, BETTINA ; BRUDER, RALPH: Fahrerzustandserkennung. In: WINNER, H. ; HAKULI, S. ; LOTZ, F. ; SINGER, C. (Hrsg.): *Handbuch Fahrerassistenzsysteme: Grundlagen, Komponenten und Systeme für aktive Sicherheit und Komfort, ATZ / MTZ-Fachbuch*. 3., überarb. und erg. Aufl. Aufl. Wiesbaden : Springer Vieweg, 2015 — ISBN 978-3-658-05733-6, S. 688–699

Lenz/Fraedrich 2015

LENZ, BARBARA ; FRAEDRICH, EVA: Neue Mobilitätskonzepte und autonomes Fahren: Potenziale der Veränderung. In: MAURER, M. ; GERDES, J. C. ; LENZ, B. ; WINNER, H. (Hrsg.): *Autonomes Fahren: Technische, rechtliche undgesellschaftliche Aspekte*. Berlin : Springer Vieweg, 2015 — ISBN 978-3-662-45853-2, S. 176–195

Life 1956

LIFE: Advertisement- Power Companies Build For Your New Electric Living (caption: Electricity may be the driver). In: *Life magazine* (30.Januar 1956), S.4

Lin 2015

LIN, PATRICK: Why Ethics Matters for Autonomous Cars. In: MAURER, M. ; GERDES, J. C. ; LENZ, B. ; WINNER, H. (Hrsg.): *Autonomes Fahren: Technische, rechtliche undgesellschaftliche Aspekte*. Berlin : Springer Vieweg, 2015 — ISBN 978-3-662-45853-2, S. 70–85

Lutz et al. 2014

LUTZ, LENNART ; TANG, TITO ; LIENKAMP, MARKUS: *Analyse der rechtlichen Situation von teleoperierten (und autonomen) Fahrzeugen.* München : Technische Universität München, 2014

Lüke et al. 2015

LÜKE, STEFAN ; FOCHLER, OLIVER ; SCHALLER, THOMAS ; REGENSBURGER, UWE: Stauassistenz und -automation. In: WINNER, H. ; HAKULI, S. ; LOTZ, F. ; SINGER, C. (Hrsg.): *Handbuch Fahrerassistenzsysteme: Grundlagen, Komponenten und Systeme für aktive Sicherheit und Komfort, ATZ / MTZ-Fachbuch.* 3., überarb. und erg. Aufl. Aufl. Wiesbaden : Springer Vieweg, 2015 — ISBN 978-3-658-05733-6, S. 996–1007

Mann 2008

MANN, MATHIAS: *Benutzerorientierte Entwicklung und fahrergerechte Auslegung eines Querführungsassistenten, Audi-Dissertationsreihe.*, 1. Aufl. Göttingen : Cuvillier, 2008 — ISBN 978-3-86727-547-7

Marberger 2015

MARBERGER, CLAUS ; BRÄUCHLE, HARALD ; MIELENZ, HOLGER ; FÜHRER, THOMAS: Kundenwünsche beim automatisierten Fahren in der Stadt. In: *Automobiltechnische Zeitschrift* (2015), Nr. 04 /15

Mathes 2015

MATHES, JOACHIM: Weiterentwicklung der Assistenzsysteme aus Endkundensicht. In: SIEBENPFEIFFER, W. (Hrsg.): *Fahrerassistenzsysteme und effiziente Antriebe, ATZ/MTZ-Fachbuch.* Wiesbaden : Springer Vieweg, 2015 — ISBN 978-3-658-08160-7, S. 4–10

Matthaei et al. 2015

MATTHAEI, RICHARD ; RESCHKA, ANDREAS ; RIEKEN, JENS ; DIERKES, FRANK ; ULBRICH, SIMON ; WINKLE, THOMAS ; MAURER, MARKUS: Autonomes Fahren. In: WINNER, H. ; HAKULI, S. ; LOTZ, F. ; SINGER, C. (Hrsg.): *Handbuch Fahrerassistenzsysteme: Grundlagen, Komponenten und Systeme für aktive Sicherheit und Komfort,*

ATZ / MTZ-Fachbuch. 3., überarb. und erg. Aufl. Aufl. Wiesbaden : Springer Vieweg, 2015 — ISBN 978-3-658-05733-6, S. 1140–1165

McKinsey & Company 2015

MCKINSEY & COMPANY (Hrsg.): Autonomes Fahren verändert Autoindustrie und Städte. URL http://www.mckinsey.de/autonomes-fahren-veraendert-autoin-dustrie-und-staedte.- abgerufen am 14.10.2015 — McKinsey & Company

Mercedes-Benz 2015a

MERCEDES-BENZ: *Mercedes-Benz S-Klasse Limousine Sicherheit*. URL http://www.mercedes-benz.de/content/germany/mpc/mpc_germany_website/de/home_mpc/passengercars/home/new_cars/models/s-class/w222/facts_/comfort/safety.html.- abgerufen am 23.10.2015. — mercedes-benz.de

Mercedes-Benz 2015b

MERCEDES-BENZ: *Autonomes Fahres als Mobilität der Zukunft.* URL https://www.mercedes-benz.com/de/mercedes-me/inspiration/me-blog/autono-mes-fahres-als-mobilitaet-der-zukunft/.- abgerufen am 07.10.2015. — merce-des-benz.de

Münder 2015

MÜNDER, VON PETER: *Die Schwachstellendiagnostiker*. URL http://www.zeit.de/mobilitaet/2015-08/hacker-auto-sicherheit. - abgerufen am 16.09.2015. — ZEIT ONLINE

Niehsen et al. 2005

NIEHSEN, WOLFGANG ; GARNITZ, RAINER ; WEILKES, MICHAEL ; STÄMPFLE, MARTIN: Informationsfusion für Fahrerassistenzsysteme. In: MAURER, M. ; STILLER, C. (Hrsg.): *Fahrerassistenzsysteme mit maschineller Wahrnehmung*. Berlin : Springer, 2005 — ISBN 978-3-540-23296-4, S. 43–58

Ohl 2014

OHL, SEBASTIAN: *Fusion von Umfeld wahrnehmenden Sensoren in städtischer Umgebung, Berichte aus der Elektrotechnik*. Aachen : Shaker, 2014 — ISBN 978-3-8440-3034-1

Paukner 2013

PAUKNER, PASCAL: *Studie: Jeder fünfte Deutsche leidet unter Dauerstress.* URL http://www.sueddeutsche.de/leben/studie-zur-belastung-im-alltag-jeder-fuenfte-deutsche-leidet-unter-dauerstress-1.1807168. - abgerufen am 02.11.2015 — sueddeutsche.de

Preußners 2008

PREUSSNERS, DIRK: *Beruflich Profi oder Amateur? was Sie als Ingenieur, Naturwissenschaftler oder Informatiker über Ihren beruflichen Erfolg wissen müssen, VDI Karriere*. Berlin : Springer, 2008 — ISBN 978-3-540-77423-5

Pudenz 2015

PUDENZ, KATRIN: *Daimler und Bosch automatisieren das Parken | Automobil- und Motorentechnik > Aus der Branche > Nachrichten*. URL http://www.springerprofessional.de/daimler-und-bosch-automatisieren-das-parken/5780268.html;jsessionid=ED349FD8FC582886A6AB1729C94F3CFB.sprprofltc0201. - abgerufen am 15.10.2015. — springerprofessional.de

R+V Versicherung AG 2014

R+V VERSICHERUNG AG: Telematik-Studie der R+V: 12 Monate, 1.500 Autos, 25 Millionen Kilometer (2014)

Rannenberg 2015

RANNENBERG, KAI: Erhebung und Nutzbarmachung zusätzlicher Daten – Möglichkeiten und Risiken. In: MAURER, M. ; GERDES, J. C. ; LENZ, B. ; WINNER, H. (Hrsg.): *Autonomes Fahren: Technische, rechtliche undgesellschaftliche Aspekte*. Berlin : Springer Vieweg, 2015 — ISBN 978-3-662-45853-2, S. 516–538

Rauch et al. 2012

RAUCH, SEBASTIAN ; AEBERHARD, MICHAEL ; ARDELT, MICHAEL ; KÄMPCHEN, NICO: Autonomes Fahren auf der Autobahn – Eine Potentialstudie für zukünftige Fahrerassistenzsysteme (2012)

Reif 2010

REIF, K. (Hrsg.): *Fahrstabilisierungssysteme und Fahrerassistenzsysteme, Bosch-Fachinformation Automobil*. 1. Aufl. Aufl. Wiesbaden : Vieweg + Teubner, 2010 — ISBN 978-3-8348-1314-5

Reif 2014

REIF, KONRAD: *Automobilelektronik: eine Einführung für Ingenieure, ATZ-MTZ-Fachbuch*. 5., überarb. Aufl. Aufl. Wiesbaden : Springer Vieweg, 2014 — ISBN 978-3-658-05047-4

Reschka 2015

RESCHKA, ANDREAS: Sicherheitskonzept für autonome Fahrzeuge. In: MAURER, M. ; GERDES, J. C. ; LENZ, B. ; WINNER, H. (Hrsg.): *Autonomes Fahren: Technische, rechtliche undgesellschaftliche Aspekte*. Berlin : Springer Vieweg, 2015 — ISBN 978-3-662-45853-2, S. 490–513

Römmele 2015

RÖMMELE, STEFAN: Automatisiertes Fahren erfordert sichere Netze. In: *Automobiltechnische Zeitschrift* (2015), Nr. 02/15

Roßnagel 2015

ROSSNAGEL, ALEXANDER: Grundrechtsausgleich beim vernetzten Automobil. In: *Datenschutz und Datensicherheit* (2015), Nr. 06/2015

Rüggeberg 2009

RÜGGEBERG, HARALD: *Innovationswiderstände bei der Akzeptanz hochgradiger Innovationen aus kleinen und mittleren Unternehmen*. URL http://www.mba-berlin.de/

fileadmin/user_upload/MAIN-dateien/1_IMB/Working_Papers/2009/WP51_
Rueggeberg_12-2009.pdf.- abgerufen am 14.10.2015

Scherer 2014

SCHERER, JOACHIM: eCall: Ein Lehrstück für Politik, Regulierung und Datenschutz. In: *MultiMedia und Recht - MMR.* München : C.H. Beck, 2014, S. 353-
354

Schöttle 2015

SCHÖTTLE, MARKUS: Fahrerassistenzsysteme — Abwägungsprozess nicht un-
terschätzen. In: SIEBENPFEIFFER, W. (Hrsg.): *Fahrerassistenzsysteme und effiziente Antriebe, ATZ/MTZ-Fachbuch.* Wiesbaden : Springer Vieweg, 2015
— ISBN 978-3-658-08160-7, S. 74–80

Schreurs/Steuwer 2015

SCHREURS, MIRANDA A. ; STEUWER, SIBYL D.: Autonomous Driving — Political, Le-
gal, Social, and Sustainability Dimensions. In: MAURER, M. ; GERDES, J. C. ; LENZ,
B. ; WINNER, H. (Hrsg.): *Autonomes Fahren: Technische, rechtliche undgesellschaftliche Aspekte*. Berlin : Springer Vieweg, 2015 — ISBN 978-3-662-45853-
2, S. 152–173

Statistisches Bundesamt 2013

STATISTISCHES BUNDESAMT: *Verkehr auf einen Blick*. Wiesbaden, 2013. URL https://www.destatis.de/DE/Publikationen/Thematisch/TransportVerkehr/Quer-
schnitt/BroschuereVerkehrBlick0080006139004.pdf?__blob=publicationFile
- abgerufen am 13.10.2015.- destatis.de

Statistisches Bundesamt 2014

STATISTISCHES BUNDESAMT: *Pressemitteilun-
gen - 2013: Mehr Unfälle, aber weniger Verkehrstote
denn je - Statistisches Bundesamt (Destatis)*. URL https://www.destatis.de/DE/
PresseService/Presse/Pressemitteilungen/2014/07/PD14_238_46241.html. -
abgerufen am 25.10.2015

Stern 2015

STERN: *Autonomes Fahren: Leinenzwang - Fahrberichte - STERN.de*. URL http://www.stern.de/auto/fahrberichte/autonomes-fahren-leinenzwang-2182387.html.- abgerufen am 25.10.2015. — stern.de

Stiller 2005

STILLER, CHRISTOPH: Fahrerassistenzsysteme - Von realisierten Funktionen zum vernetzt wahrnehmenden, selbstorganisierenden Verkehr. In: MAURER, M. ; STILLER, C. (Hrsg.): *Fahrerassistenzsysteme mit maschineller Wahrnehmung*. Berlin : Springer, 2005 — ISBN 978-3-540-23296-4, S. 1-20

StVG

STVG (idF der Änderung durch Art. 4 v. 08.06.2015) §7 Abs. 1

Vieweg 2015

VIEWEG, VON CHRISTOF: *Selbstfahrend in die Sackgasse*. URL http://www.zeit.de/mobilitaet/2015-09/roboterauto-trend-oder-hype. - abgerufen am 09.10.2015. — ZEIT ONLINE

Volkswagen AG 2015a

VOLKSWAGEN AG: *Prof. Dr. Martin Winterkorn: „Die Neuerfindung von Volkswagen"*. URL http://www.volkswagenag.com/content/vwcorp/info_center/de/news/2015/09/The_reinvention_of_Volkswagen.html. - abgerufen am 09.10.2015. — Volkswagen AG

Volkswagen AG 2015b

VOLKSWAGEN: *Der Passat Variant: Stauassistent*. URL http://partner.volkswagen.de/p_38156/de/models/passat-variant/galerie.s11_pia_trimlevel_detail.fallback.s7_layer.suffix.suffix.html/features~2Feditorial_highlights~2Fpassatvariant~2Fassistenzsysteme~2Fstauassistent/tab=%7E2Fcontent%7E2Fde%7E2Fmom%7E2Fholzautos%7E2Fpassat-variant%7E2Fjcr%7E3Acontent%7E-2FuspCategories%7E2Fuspcategory_2.html. - abgerufen am 23.10.2015. — partner.volkswagen.de

Volkswagen AG 2015c

VOLKSWAGEN: *Müdigkeitserkennung*. URL http://www.volkswagen.de/de/technologie/technik-lexikon/muedigkeitserkennung.html. - abgerufen am 12.10.2015. — volkswagen.de

Wachenfeld et al. 2015

WACHENFELD, WALTER ; WINNER, HERMANN ; GERDES, CHRIS ; LENZ, BARBARA ; MAURER, MARKUS ; BEIKER, SVEN A. ; FRAEDRICH, EVA ; WINKLE, THOMAS: Use-Cases des autonomen Fahrens. In: MAURER, M. ; GERDES, J. C. ; LENZ, B. ; WINNER, H. (Hrsg.): *Autonomes Fahren: Technische, rechtliche undgesellschaftliche Aspekte*. Berlin : Springer Vieweg, 2015 — ISBN 978-3-662-45853-2, S. 10–37

Winkle 2015

WINKLE, THOMAS: Sicherheitspotenzial automatisierter Fahrzeuge: Erkenntnisse aus der Unfallforschung. In: MAURER, M. ; GERDES, J. C. ; LENZ, B. ; WINNER, H. (Hrsg.): *Autonomes Fahren: Technische, rechtliche undgesellschaftliche Aspekte*. Berlin : Springer Vieweg, 2015 — ISBN 978-3-662-45853-2, S. 352–376

Winner 2015

WINNER, HERMANN: Quo vadis, FAS? In: WINNER, H. ; HAKULI, S. ; LOTZ, F. ; SINGER, C. (Hrsg.): *Handbuch Fahrerassistenzsysteme: Grundlagen, Komponenten und Systeme für aktive Sicherheit und Komfort, ATZ / MTZ-Fachbuch*. 3., überarb. und erg. Aufl. Aufl. Wiesbaden : Springer Vieweg, 2015 — ISBN 978-3-658-05733-6, S. 1168–1186

Winner et al. 2015

WINNER, HERMANN ; SCHOPPER, MICHAEL: Adaptive Cruise Control. In: WINNER, H. ; HAKULI, S. ; LOTZ, F. ; SINGER, C. (Hrsg.): *Handbuch Fahrerassistenzsysteme: Grundlagen, Komponenten und Systeme für aktive Sicherheit und Komfort, ATZ / MTZ-Fachbuch*. 3., überarb. und erg. Aufl. Aufl. Wiesbaden : Springer Vieweg, 2015 — ISBN 978-3-658-05733-6, S. 852–891

Winner/Wachenfeld 2015

WINNER, HERMANN ; WACHENFELD, WALTER: Auswirkungen des autonomen Fahrens auf das Fahrzeugkonzept. In: MAURER, M. ; GERDES, J. C. ; LENZ, B. ; WINNER, H. (Hrsg.): *Autonomes Fahren: Technische, rechtliche undgesellschaftliche Aspekte*. Berlin : Springer Vieweg, 2015 — ISBN 978-3-662-45853-2, S. 266–285

Wolf 2015

WOLF, INGO: Wechselwirkung Mensch und autonomer Agent. In: MAURER, M. ; GERDES, J. C. ; LENZ, B. ; WINNER, H. (Hrsg.): *Autonomes Fahren: Technische, rechtliche undgesellschaftliche Aspekte*. Berlin : Springer Vieweg, 2015 — ISBN 978-3-662-45853-2, S. 103–125